烘焙職人的
發酵麵包糕點聖經

人氣經典品項與其發展歷程

瑞昇文化

目次

法國的發酵糕點

法國風土及歷史孕育出的發酵食品

德國的發酵糕點

書中基本原則

■製品名稱：

　基本上會採用常見名稱，但依照各店鋪、製作者不同，說法也可能不一。

　另外，歐洲語系的名稱基本上會以單數稱之。

■配方：

　% 是指烘焙百分比。

　雖然書中也會以 g 計量，但不見得完全與步驟圖片中顯示的分量相同。

　材料則會列出每位製作者的指定品項。

　若奶油未特別說明，皆指「無鹽」奶油。

■步驟表：

　依照各廚房的設備環境、製作量不同會有差異。

　內容《僅供各位參考》。

■步驟圖片說明：

　材料正式名稱、種類請參照「配方欄位」，圖片說明僅會標示出粉類、麵粉、砂糖、鹽、麵包酵母等一般名稱。

過去，人們認為「發酵」是老天爺的贈
禮，並習得其具備的美味與技術。
添加「豐富甜味」後的發酵糕點，
更為世人帶來了滋潤感受與幸福。

日本繼承發酵糕點故鄉傳統的同時，
更使其持續進化。
本書將介紹箇中的「美味」與「技術」。

義大利的
發酵糕點

Italy

義大利的發酵糕點是靠媽媽們傳承延續

長本 和子

位於阿爾卑斯山中的 Coimo 村。附近的馬庫尼亞加每年秋天都會舉辦麵包祭典。

■ 發酵糕點的原點

就歐洲來說，橫跨義大利北部的阿爾卑斯山脈已是標高達 4000 公尺等級的山群。

其中，名為羅莎峰（Monte Rosa）的高山日文又翻譯成「玫瑰色之山」。因為日出照映時，整座山會像是被染成玫瑰色般而得名。

位於羅莎峰登山起點的馬庫尼亞加（Macugnaga）有個可以了解發酵糕點起源的祭典，舉辦期間為 10 月。此地靠酪農為生，夏天當地人會將牛隻放牧於阿爾卑斯地區，因此無暇烘烤麵包。當 10 月結束高地放牧後，就會接著烘烤一整年份的麵包，活動名叫 Festa de Lo Pan Ner（黑麵包祭典）。之所以稱作黑麵包，是因為當地沒有白色小麥，所以會以裸麥製作。

麵包出爐後，會立刻放在專用平台讓麵包乾燥。如果沒有放乾，麵包就會很快發霉，導致那一年沒麵包可吃。一般居民家中當然無法自行烤出一整年份的麵包，這時就需要

特別的窯爐。當地村莊都會有居民共用的烤麵包小屋，村民會全員出動，烤完一年份的麵包，此活動也成了目前該地區地方創生的祭典。

不只是大人，這個活動從以前就連小孩也會一同參與，幫忙的孩子們最後都會等領取令人期待的小獎勵，那就是將最後剩下的麵團加入胡桃和葡萄乾烘烤製成的當地甜麵包。對於無法使用昂貴蜂蜜和砂糖的當地民眾來說，這是何等的美味享受啊。這類糕點麵包至今仍可見於馬庫尼亞加附近的 Coimo 村。

■ 麵包與甜味劑

想要探索義大利的發酵糕點，就必須回溯到西元前 8 世紀，古希臘人移居義大利南部的時候。因為，加入了甜食材的麵包就是發酵糕點的起源。麵包被視為古希臘文明象徵，當時的敘事詩《奧德賽》還提到，「這裡居住著哪個種族的食用麵包者？」、「看

義大利料理研究家

8

Coimo 村時至今日仍會烘烤添加果乾的麵包。

起來一點都不像是會食用麵包的人」（松平千秋譯 岩波文庫），以麵包來評定文明程度。

其後，稱霸地中海的古羅馬人對希臘文明心存敬畏之意，於是繼承了希臘人的一切。關於麵包的部分，可以把目光拉到龐貝和奧斯提亞安提卡（Ostia Antica）遺跡。這兩個遺跡的麵包店後院皆可見用來清洗小麥的水池、好幾台高度跟人差不多高的石製磨粉機、捏麵團機，以及巨大窯爐。這樣的設備及規模不禁令人感到驚訝。當時人們還懂得確保小麥進貨通路，貨源並非來自附近，而是以船隻從西西里、非洲運來。

當時麵包是人們日常生活中會出現的食物，因此麵包店數量也相當可觀，據說還會按需求烘烤不同種類的麵包。換言之，如果有添加麥麩，價格便宜的麵包，當然也少不了使用精製小麥，供應給富裕層級的麵包。如果是要給船員、士兵等遠行者帶在身上的麵包，則會做成就算變硬也方便食用的薄片狀，並加以乾燥有利保存。

根據記錄顯示，龐貝曾製作過加了蜂蜜、奶類（羊奶）、糖漬水果的麵包。呼應了最

前面提到的，這裡是將甜食材直接混入麵包麵團，也就是發酵糕點的原點。（Cibi e sapori a Pompei 義大利文化省）。

不過，這時我們不禁懷疑，這些真是發酵過的麵包嗎？既然如此，我們就來看看西元79年因維蘇威火山噴發遭淹沒的龐貝古城遺跡吧。遺跡中其實發現了好幾個碳化狀態的麵包，而且從麵包形狀來看，當時的人們似乎已經很懂得如何運用發酵技術。

這些在龐貝麵包店製成，加了甜食材的麵包，則是義大利，甚至是歐洲發酵糕點的原點。

接著，想各位聊聊義大利的甜味劑。說到義大利的甜味劑歷史，他們以前很長一段時間是使用蜂蜜與葡萄果汁煮到變成濃縮的醬汁Saba（有些地區會稱為Sapa、vino cotto、mosto cotto）。等到 9 世紀，阿拉伯人將蔗糖傳入西西里後，文藝復興時期的貴族們便開始把砂糖視為珍貴品，並開始廣為流傳。從歷史進程便可看出，距今1500～2000年以前，人們就已經懂得將蜂蜜作為甜味劑用來製作糕點。

從時代潮流追尋發酵糕點

各位讀者可以從這次書中登場的發酵糕點，掌握到5個時代的變遷，還可以從中了解到，人們是如何在這過程中，學會使用材料、掌握發酵來源及製作方法。

① 在麵包麵團加入水果等甜食材的甜品～「新鮮葡萄義大利扁麵包」（P.34）、開頭的「Coimo村的果乾麵包」等。

相傳古羅馬時代始於西元前753年，當時他們還只是個位處濕地的小集團，根本無暇吸取麵包所象徵的古希臘文化。因此可以猜測，相關發展要等到古羅馬的領土、文化達到極致，也就是西元前31年開始的帝政時期才有起步。從這個時代起，古羅馬人開始用名為 madre，也就是前一天的麵團作為起種烘烤麵包。這種加了甜食材的麵包，便是自古就存在的發酵糕點原型。

② 在麵包麵團混入甜味劑的甜品～「羅馬生乳包」（P.36）等。

「羅馬生乳包」（Maritozzo）名稱源自義大利文的丈夫＝marito。雖然現在市面上大家熟知的羅馬生乳包都夾入非常大量的鮮奶油，但以前不過是一種復活節到來前，讓大家在守齋期間食用、非常普通沒什麼滋味的橢圓形麵包，不久前還是咖啡廳（Bar）早餐一定會出現的品項。據說以前義大利的丈夫或男性會把戒指藏在麵包送給另一半作為禮物，所以名為 Maritozzo。有些羅馬生乳包甚至會用砂糖畫出邱比特的箭射穿愛心，意指愛的象徵。

③ 以加入發酵種的麵粉製成麵團為材料的甜品～「復活節的聖誕水果麵包」、「熱內亞甜麵包」（P.38）等。

集結2174道義大利鄉土料理的《義大利鄉土料理集》（Le ricette Regionali Italiane）中，介紹了3種「聖誕水果麵包」。這都要多虧源自米蘭，工廠生產的 Panettone 潘妮托尼麵包成了義大利聖誕節必吃的甜點，但其實義大利各地仍保存著像是「復活節的聖誕水果麵包」這類鄉土糕點。Panettone 直譯的意思為「大麵包」，源由多半與復活節、聖誕節有關。

在義大利中還可見「Panettone」、「潘多酪」（Pandoro）、「潘芙蕾」（Panforte）等，其他以麵包（Pan）命名且為數眾多的品項，可見糕點的起源就是麵包。

④ 發酵麵團裡不只使用麵粉，更添加其他材料的發酵糕點～「玉米麵包」（Pan de maj，P.39）

「熱內亞甜麵包」同樣是與宗教活動有關的甜品。既然當時會出現「復活節的聖誕水果麵包」，便不難聯想到，進入教會開始掌權，且能夠運用發酵種的中世紀之後，就會開始出現許多與教會息息相關的食物。

阿爾卑斯地區的共用窯爐

玉米麵包（Pan de maj）是位處寒冷地區，無法輕易取得小麥的義大利北部的平民糕點。maj是指玉米，以前都是以小麥製作，但後來開始改用在阿爾卑斯地區廣傳開來，也就是玉米粥（polenta）材料的玉米粉替代。Pan de maj被認為源自18世紀，是使用廉價食材製成，相當具代表性的平民糕點。

龐貝遺跡裡的磨粉機

⑤由國外傳入並在義大利扎根的糕點～「布里歐麵包」（P.40）、「巴巴」（P.42）

「巴巴」是拿坡里非常知名的甜點。1700年代的拿坡里有皇宮，宮廷會製作當時被視為高級菜的法國料理。當時在廚房製作法國料理的廚師會被稱為「monsù」，此名源自法文的monsieur，從中就不難想像當時會有怎樣的料理。這也是為何來此道源自法國的甜點，能在皇宮所在之處的拿坡里如此根深蒂固。

「布里歐麵包」是咖啡廳（Bar）早餐的經典品項。義大利人沒有早餐吃很飽的習慣，住在都市的民眾頂多就是卡布奇諾配上一小塊甜麵包。前面提到的羅馬生乳包也是選項之一，但現在反而是可頌、布里歐麵包這類分量不會太重的品項較受歡迎。

最後一種是油炸類。將發酵麵團下鍋油炸的糕點～「普利亞耶誕玫瑰脆餅」（P.44）、「義式甜甜圈」（P.46）等。油炸糕點不可或缺的橄欖油有八成產自義大利南部。相傳西元前8世紀古希臘人傳入了榨取好的橄欖油後，橄欖油便成了義大利料理的基本用油。

鄉土糕點當然要使用在地就能取得的材料，這也使得橄欖油產量豐富的南法地區出現許多油炸類糕點。材料中還包含了蜂蜜和

濃縮葡萄汁（Vincotto）這些自古流傳至今的甜味劑，就不難看出其歷史起源是多悠久。

義大利知名的發酵糕點基本上都是靠在地媽媽們口耳相傳延續下來，最後再由糕餅店將其做成商品上架。然而，各地還有無數尚未被發掘的糕點，擁有2000年飲食文化，在地媽媽的口袋裡還藏有許許多多的珍寶。

龐貝遺跡裡的碳化麵包

傳統聖誕水果麵包
Panettone tradizionale

配方		
〈續養1〉	（%）	（g）
麵粉※	100	600
Lievito Madre酵母種※	100	600
水	47～52	280～310
必須從上述的水量扣除Lievito吸收的水量。		
〈續養2〉		
麵粉※※	100	600
Lievito①（續養1的麵團）	67～83	400～500
水	47～50	280～300
〈中種〉		
麵粉※	69	
Lievito②（續養2的麵團）	22（額外添加）	
精製白糖	16.5	
無鹽奶油	13.8	
加糖蛋黃（加糖20%）	8.3	
水	43.3	
〈主麵團〉		
麵粉※※	31	
鹽	0.83	
精製白糖	6	
蜂蜜（相思樹蜂蜜）	6.9	
轉化糖漿	4.8	
無鹽奶油	45.5	
加糖蛋黃（加糖20%）	29.8	
香草莢 每1kg粉類使用比例為0.7支		
柳橙果泥（自製）（o）	6.9	
柑曼怡（g）	0.69	
水果類（前一天先混合備用）		
柳橙皮	34.5	
香櫞皮	6.9	
麝香葡萄乾	34.5	
瑪薩拉酒	5.5	

※ 麵粉：Savory 芳醇麵粉（日清製粉）50% +
　　Terroir pur 麵粉（日清製粉）50%
※※ 麵粉：Selvaggio Farina Forte 麵粉（日清製粉）

東客麵包（DONQ）早於 1980 年代便開始與義大利一流的老字號糕點店技術合作，更是最早將聖誕水果麵包推廣進日本的業者。不過就在某一天，他們在義大利發現了風味、作法跟過去完全不同的聖誕水果麵包。其後更花了好幾年的時間不斷尋找，終於找到這道最符合自我風格的聖誕水果麵包。不只口感軟嫩，DONQ 更希望客人能感受到日本不曾有過，卻也不輸給義大利的口感及風味，於是從起種開始掌握製作方式。此款麵包雖然是大直徑的現代風形狀，麵團卻是按照承襲在地傳統的步驟製成。

食譜、製作：佐藤広樹（DONQ）

烤模尺寸　直徑 21cm　高 7cm

續養 1	準備作業	步 驟

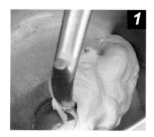

將續養 1 的材料倒入攪拌盆，不斷攪拌直到完全成塊。

將麵團放到工作台，壓搓揉圓後，放入鋪了塑膠袋的筒狀容器，表面撒點麵粉。

稍微疊蓋住塑膠袋口，接著蓋上布巾，放進發酵箱，以27℃、60%的條件發酵 5 小時，讓體積膨脹至 3 倍。

打開包裝，將 Lievito Madre 酵母種（自家培養發酵種）切成2cm 厚的片狀，量取需要量。

以 1ℓ 的水添加 2g 砂糖的比例，準備 35℃ 的溫水，並讓 2 浮在水上。若狀態良好可立即使用，但基本上都會泡個 10～30 分鐘。偶爾翻面，避免上方變乾。

★此步驟能讓會帶來酸味的雜菌沈澱，調整乳酸與醋酸的平衡。

擠掉水分，測重。記錄這時 Lievito 酵母種吸收的水量（與步驟 1 的重量差），以調節後續的加水量。

〈續養1〉
攪拌（縱型）　　　　　　　　　L7～10分
揉成溫度……………… 27℃
發酵時間……………… 5小時（體積變3倍大）
　　　　　　　　　　　（27℃ 60%）

〈續養2〉
攪拌（縱型）……………… L7～10分
揉成溫度……………… 27℃
發酵時間……………… 4.5～5小時（體積變3倍大）
　　　　　　　　　（續種的話則調整為3.5～4.5小時）
　　　　　　　　　　　（27℃ 60%）
其後，取需要量製作中種，剩餘的續種保存。

〈中種〉
攪拌（雙臂式）
……………… 20～30分
　　　　　　　（L2分↓逐量加水L5分H20分）
揉成溫度……………… 24℃
發酵時間……………… 12小時（體積變3～3.5倍大）
　　　　　　　　　　　（24～25℃ 75%）

〈主麵團〉
攪拌……………… L4分↓蛋黃L6分↓o·g H6分↓轉化糖漿H6分↓鹽H2分↓蜂蜜H5分↓奶油H10分→休息10分
揉成溫度……………… 24℃
分割揉圓……………… 縱型750g 橫型1120g
醒麵……………… 縱型0分
　　　　　　　　　橫型10～15分
整型……………… 揉圓入模
最後發酵……………… 4.5～6小時（30℃ 60%）
烘烤（熱風旋轉爐）
……………… 劃十字 160℃ 縱型45～47分
　　　　　　　　　橫型50分
　　　　　　　　　出爐後倒放放涼

使用的 Lievito Madre 酵母種（元種）說明

起種

這次使用法果麵包專用粉、裸麥粉、麥芽、鹽、水以 5 天的時間起種，接著進行為期 8 ～ 10 天的反覆續養作業，讓 Lievito Madre 酵母種（自家培養發酵種）得以更加穩定，並以此作為元種使用。

12 小時後，完成中種，便可接著製作主麵團。

將中種麵團、粉類、砂糖、香草莢倒入攪拌盆，啟動攪拌。

粉類混勻後，將加糖蛋黃分 3 次加入。

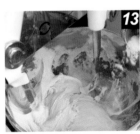

接著加入柳橙果泥、柑曼怡，並以高速攪拌，繼續加入轉化糖漿，再次攪拌均勻後，繼續加入鹽。

將麵團放至麵包箱，重新塑型至表面帶有彈性，接著發酵 12 小時。建議可將部分麵團放進燒杯並擺放於側，以利觀察膨脹倍數。

- - - - - - - - - - - - - - - - - - - -

12 小時後

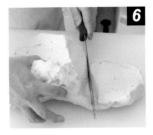

製作中種。量取需要的 Lievito 酵母種麵團（續養 2 的麵團）。

將中種的材料倒入攪拌盆，但水只需加入 8 成，接著啟動攪拌。

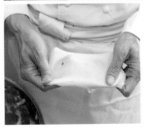

麵團成型後，邊觀察硬度，邊少量逐次加入剩下的水。麵團能拉成薄膜狀的話，即可停止攪拌。

取出放置 5 小時，體積變 3 倍大的 Lievito 酵母種麵團（續養 1 麵團），切掉上面沾有麵粉的部分。

切取需要的 Lievito 酵母種麵團，接著跟續養 1 麵團一樣（步驟❶的圖片），加入麵粉、水，揉捏至完全混合。壓搓揉圓後，放入筒狀容器，按步驟❸的條件，放進發酵箱，以 27℃、60% 的條件發酵 5 小時。

14

麵團再次攪拌均勻後，繼續加入蜂蜜，當麵團攪拌到不會沾黏攪拌盆，即可加入奶油。

當麵團可以像圖片一樣，自行垂拉到這個程度時，即可加入水果類。

揉製完成後，讓麵團在攪拌盆內靜置 10 分鐘。

★麵團靜置後會稍微鬆弛，取出時較不易受損。

在工作台塗上薄薄一層奶油，避免麵團沾黏，分割成 750g 及 1120g。

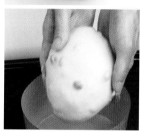

提起麵團中間並將邊緣往下捲裹起來，重複此動作 3 次，讓表面帶有彈性。若使用縱型（750g）烤箱，可直接放入烤模。

若使用橫型（1120g）烤箱，分割後要靜置 10 ～ 15 分鐘，讓麵團鬆弛後再次揉團，接著再靜置 10 分鐘，即可放入烤模。一直觸摸麵團的話，麵包心可能會變得過度緊實，務必多加留意。

烤模尺寸
直徑 16cm 高 10cm

放進發酵箱，以 30℃、60% 的條件發酵 4.5 ～ 6 小時。

當表面變乾，膨脹程度適中，即可在表面劃切十字。

放入 160℃ 的熱風旋轉爐，橫型烘烤 50 分鐘，縱型烘烤 45 ～ 47 分鐘。

因為麵包質地軟嫩，會立刻塌陷，所以出爐後要馬上插入金屬籤，並上下顛倒一晚放涼。

聖誕水果麵包麵團變化版

復活節的鴿子麵包（Colomba pasquale）

復活節期間會陳列於店鋪的發酵糕點「鴿子麵包」。聖誕水果麵包麵團添加的水果只有糖漬柳橙皮。自古以來的作法是會先捏成鴿子形狀，擠上糖霜，再撒點杏仁和糖塊。

※ 糖霜：在 100g 蛋白加入 110g 精製白糖，融化後再以 100g 杏仁粉的比例調製而成。將糖霜擠在麵團上，撒入杏仁和糖塊再進爐烘烤。

潘多酪
Pandoro

配 方	
〈續養1〉	(%)
麵粉※	8.4
Lievito Madre酵母種	8.4
牛奶	6.3
〈續養2〉	
麵粉※	12
續養1的麵團	全量
牛奶	9
〈準備作業〉	
麵粉※	12
續養2的麵團	全量
奶油	1.8
加糖蛋黃（加糖20%）	12
〈Biga 硬種〉	
麵粉※	3.6
冷凍半乾酵母（金裝）	0.48
牛奶	3
〈主麵團①〉	
麵粉※	21.7
奶油	3
加糖蛋黃（加糖20%）	18.1
牛奶	1.2
〈主麵團②〉	
麵粉※※	30
麵粉※	12.3
精製白糖	10.8
ⓐ 加糖蛋黃（加糖20%）	19.9
全蛋	12
蜂蜜（相思樹蜂蜜）	1.8
蘭姆酒	0.7
牛奶	3
奶油	7.2
可可脂	1.2
ⓑ 精製白糖	25.3
加糖蛋黃（加糖20%）	12
鹽	1.2

這款被認為起源於維羅納（Verona）的發酵糕點同樣是聖誕節會出現的品項。這幾年，我在維羅納品嚐到全新口感的潘多酪後，也開始嘗試製作。不過，老實說，愈簡單的東西製作難度愈高。對 DONQ 來說，「潘多酪」這條路就跟聖誕水果麵包一樣，已經探索超過 30 個年頭。然而，目前還是必須面對使用材料跟當地不同、大小不同等課題，但我們會不斷嘗試，努力做出克服課題，讓更多人感受到義大利飲食文化及美味的潘多酪。

食譜、製作：佐藤広樹（DONQ）

大尺寸 直徑 23cm 短徑 16.7cm 高 16.4cm

步 驟	配 方

〈續養1〉
攪拌（縱型）…………… L8～10分
揉成溫度………………… 24℃
　　　　　　　從開始攪拌到進入下一次攪拌作業
　　　　　　　期間，放置室溫1小時

〈續養2〉
攪拌（縱型）…………… L8～10分
揉成溫度………………… 24℃
　　　　　　　從開始攪拌到進入下一次攪拌作業
　　　　　　　期間，放置室溫1小時

〈準備作業〉
攪拌（雙臂式）…… L15～20分
揉成溫度………………… 24℃
　　　　　　　從開始攪拌到進入下一次攪拌作業
　　　　　　　期間，放置室溫1小時

〈Biga 硬種〉
攪拌（縱型）………… L5～8分
揉成溫度………………… 24℃
發酵時間………………… 10分（室溫）

〈主麵團①〉
攪拌（雙臂式）……… L5～10分 → 休息5～10分

〈主麵團②〉
攪拌（雙臂式）……… （主麵團①）↓ⓐ
　　　　　　　L10～15分 ↓油脂 L10分 ↓ⓑ L10分
　　　　　　　↓ⓒ L15分
揉成溫度………………… 24℃
分割……………………… 810g（大）、630g（中）入模
最後發酵………………… 14小時（23℃ 60%）
烘烤（熱風旋轉爐）
　……………………… 135℃ 大型48～50分 中型約45分

〈準備作業〉　　　　　　　　　　　　　　　（%）
┌ 奶油 …………………………………………… 42.2
ⓒ│ 加糖蛋黃（加糖20%）………………………… 12
└ 香草莢 …………………… 每1kg粉類使用比例為0.6支

※ 麵粉：Terroir pur麵粉（日清製粉）
※※ 麵粉：Selvaggio Farina Forte麵粉（日清製粉）

〈另外事先備妥〉

主麵團②的ⓐ先混合備用。

準備作業的ⓒ要攪拌至滑順（10分鐘）備用。
※ 使用打蛋器

烤模內側抹上奶油。

大）上面長徑 23cm 短徑 16.7cm 高 16.4cm
中）上面長徑 21.8cm 短徑 16.2cm 高 15.4cm
小）上面長徑 17.2cm 短徑 12.4cm 高 12.7cm

主麵團①	準備作業	續養 2	續養 1

將 Biga 硬種、主麵團①的蛋黃、奶油、牛奶加入準備作業 **7** 的攪拌盆，維持低速攪拌。

當麵團攪拌到不會沾黏攪拌盆，即可撒入下個步驟（主麵團②）的粉類，並靜置 5～10 分鐘。

將蛋黃、奶油加入續養 2 的攪拌盆，攪拌均勻。

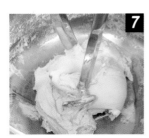

麵團成型後，即可停止攪拌。

先將下個步驟（主麵團①）的粉類材料撒入。從攪拌開始的時間算起，放置室溫 1.5 小時。

Biga 硬種

製作 Biga 硬種。混合牛奶和冷凍半乾酵母。接著加入已放有粉類的攪拌盆予以攪拌。

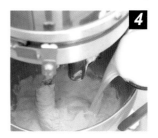

放上工作台，壓搓揉圓後，在常溫下發酵 10 分鐘。

將續養 2 材料中的牛奶，倒進續養 1 的攪拌盆，啟動攪拌。

麵團成型後，換成雙臂式攪拌機，先將下個步驟（準備作業）的粉類材料均勻撒入。從攪拌開始的時間算起，放置室溫 1 小時。

將前一晚已經活化處理過，Lievito Madre 酵母種（自家培養發酵種）外側乾掉的部分切掉，量取需要的分量。

將 Lievito Madre 酵母種、粉類、牛奶加入攪拌盆，攪拌至表面滑順。

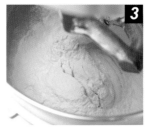

加入下個步驟的粉類（可以用來預防乾燥和確認發酵狀況），使其發酵。從攪拌開始的時間算起，放置室溫 1 小時。

出爐後，連同烤模靜置 3 小時冷卻，放到不燙手。

脫模。

脫模，完全放涼後，還可以在表面充分塗抹糖粉，讓糖粉滲入氣孔中。

發酵膨脹到高度達模具最頂端時，即可從發酵箱取出。烘烤前先搓破表面的氣孔。

放入 135℃ 的熱風旋轉爐，中尺寸烘烤 45 分鐘，大尺寸烘烤 48 ～ 50 分鐘。

可以拉成柔軟薄膜狀的話，即代表麵團製作完成。

將麵團擺在塗上薄薄一層奶油的工作台，分割成大尺寸 810g 及中尺寸 630g。

進行 2 ～ 3 次包覆揉圓的動作，讓麵團表面帶有彈性，接著立刻入模。

繼續放進發酵箱，發酵 14 小時。

主麵團②

將 ⓐ 和所有的砂糖加入 **10** 的攪拌盆，啟動攪拌。當麵團呈上圖狀態時，即可依序加入奶油、隔水加熱融化的可可脂（約 10 分鐘）。

油脂與麵團均勻融合後，將 ⓑ 分 2 ～ 3 次少量逐次加入（約 10 分鐘）。接著加入鹽，徹底攪拌均勻。

當麵團變成圖中狀態時，即可分數次加入事先混合好的 ⓒ（約 15 分鐘）。

聖誕水果麵包
Panettone

當初是為了幫喜歡義大利的好友慶祝，才會動了自己製作獨創聖誕水果麵包的念頭。結果卻碰上疫情，只能從 Youtube 和義大利的書籍找尋靈感，也開始了不斷失敗的日子，最後竟花費 1 年的時間才大功告成。正因為是日本人不太熟悉的發酵糕點，於是我特別著重使用自家栽培發酵種，並靠水果營造出獨特香氣。店內一整年皆有販售，最少需購買 1/4 塊。

食譜、製作：大村　田（WANDERLUST）

配方	
〈中種〉	（%）
麵粉	80
元種	20
砂糖（三溫糖）	18
奶油	30
加糖蛋黃（加糖20%）	32
水	40
〈主麵團〉	
麵粉※	20
鹽	1.6
砂糖（三溫糖）	20
奶油	30
加糖蛋黃（加糖20%）	32
補充用水（包含使用完果皮後的柳橙汁）	25
柳橙果泥（自製）	5
蜂蜜	8
柳橙皮（磨泥）	1顆分
檸檬皮（磨泥）	1/4顆分
香草膏	1
水果類	
蘇丹娜葡萄乾	45
柳橙皮	25
烘烤前的奶油	10g／個

（a）：柳橙皮、檸檬皮、香草膏為一組

■自製柳橙果泥：
柳橙（連同外皮、內薄皮）搭配比例50%的砂糖一起用小火煮1小時。煮好後用手持式攪拌棒打成泥。

ⓐ：這裡是依照準備的柳橙、檸檬分量，添加蜂蜜80g、香草膏 10g（使用的粉類為 1kg）

※ 麵粉：Selvaggio Farina Forte 麵粉（日清製粉）

烤模尺寸　直徑 17cm 高 5.5cm

20

WANDERLUST 的自家培養發酵種說明

（聖誕水果麵包、潘多酪元種）

起種

WANDERLUST 是以法國產小麥（DECOLLOGNE 公司出品的 T80 有機麵粉）、水、鹽混合，25℃靜置 24 小時後，再加入歐洲的粗磨高筋麵粉（Selvaggio Farina Forte 麵粉 日清製粉）與水，進行為期 10 天的起種作業。當麵團 12 小時可以發酵膨脹成 4 倍就算完成，接著會浸泡在水中，蓋上保鮮膜存放於冰箱冷藏。

製作聖誕水果麵包、潘多酪的準備作業

第二天（製作麵包前一天）

1

隔天，麵團會發酵膨脹，將露出水面乾掉的部分剝掉。用手將外層較軟爛的部分刮掉，量取 500g。

重複 2 次第 1 天的步驟**3**、**4**。（發酵條件一樣是 27℃、75%、3.5 ～ 4 小時）

2

3

↓

當麵團 4 小時可以發酵膨脹成 3 倍，即可作為聖誕水果麵包、潘多酪的元種使用。

第一天（製作麵包兩天前）

從冰箱冷藏取出，浸泡在 35℃的溫水 20 分鐘左右，喚醒酵母。

1

2

用手將外層較軟爛的部分刮掉，量取 500g。

3

連同粉類 500g、水 200 ～ 250g 一起倒入攪拌盆，攪拌 8 ～ 10 分鐘。揉成溫度為 24℃。劃切十字，蓋上濕毛巾，以 27℃、75% 的條件發酵 3.5 ～ 4 小時。

從**3**取 500g，以步驟**3**的方式攪拌。

4

5

麵團成型後，放入水中，無需蓋上保鮮膜，置於室溫（25℃）一晚。

步 驟

〈中種〉

攪拌（縱型）………… L8分↓元種L8分↓奶油
揉成溫度…………… 25℃
發酵時間 ………… 12小時（27℃ 75%）

〈主麵團〉

攪拌（參考值）…… L10分↓砂糖L3分↓柳橙果泥↓ⓐ
　　　　　　　　　　L3分↓鹽L2分30秒↓蛋黃L3分↓
　　　　　　　　　　奶油L3分↓補充用水L5～10分↓
　　　　　　　　　　水果L3分M10秒
揉成溫度…………… 26℃
發酵時間…………… 60分（27℃ 75%）
分割………………… 600g
醒麵………………… 20分 重新揉圓 20分
整型………………… 入模
最後發酵…………… 8小時（27℃ 75%）→30分（室溫）
烘烤（旋風烤箱）…… 劃十字 奶油 170℃ 40分

將粉類、砂糖、水、蛋黃加入攪拌盆，以低速攪拌 8 分鐘左右。

材料混合後，將元種剝小塊放入，再以低速攪拌 8 分鐘左右。這時要充分攪拌，先讓麵團出筋到相當於一般麵包的程度。

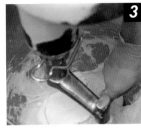

確認出筋後，加入回溫放軟的奶油。

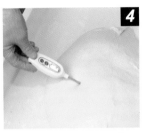

麵團攪拌成型後，以 27℃、75% 發酵 12 小時。

↓

12 小時發酵完後的模樣。

將中種麵團放入攪拌盆，以低速攪拌，分 3～4 次加入粉類。整個攪拌約 10 分鐘，讓出筋程度達八成。

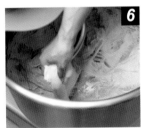

拉起麵團，若已經成型能看見盆底，則可繼續將砂糖分 2 次加入（前後攪拌時間約 3 分鐘）。

先加入柳橙果泥，拌勻後，再加入 ⓐ（先混合均勻），攪拌約 3 分鐘。

當所有材料拌勻後，加入鹽，繼續揉製 2 分 30 秒左右。加鹽後，麵團質地會立刻變強韌。

分數次加入蛋黃。前後攪拌時間約 3 分鐘。

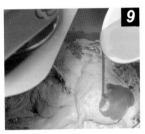

分數次加入回溫放軟的奶油。前後攪拌時間約 3 分鐘。

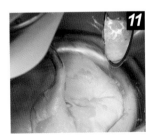

少量逐次補水。目標的揉成溫度為 26℃，所以可視麵團溫度來調整水溫。這裡則是把 ⓐ 的柳橙果肉打成汁後作為水使用，加入後再充分攪拌 5～10 分鐘。

放入 170℃ 的旋風烤箱烘烤 40 分鐘。

烤好後，在下方插入兩支金屬籤，並上下顛倒，吊掛一晚放涼。

從發酵箱取出，繼續置於室溫 30 分鐘，讓表面乾燥。

用刀子在表面劃出十字，並擠上奶油，讓十字可以裂得更明顯（這裡是用奶油泥，也可以用奶油塊）。

放置 20 分鐘，重新揉圓。提起麵團中間，並將邊緣往下捲裹起來，重複此動作 3 次。

繼續靜置 20 分鐘，接著再次揉圓，讓表面帶有彈性後，即可直接放入烤模。

放進發酵箱發酵 8 小時。

加入水果類，以低速攪拌 3 分鐘。最後再以中速攪拌 10 秒即可完成。

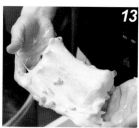

60 分鐘後

放置 60 分鐘進行發酵。

麵團會沾黏，所以要在工作台、器具上塗抹橄欖油。分割成每顆 600g 的麵團。

潘多酪
Pandoro

配 方	
〈麵團1〉	（%）
麵粉※	6
元種（自製）	3
牛奶	3
〈麵團2〉	
麵粉※	10
麵團1	15
牛奶	6
〈麵團3〉	
麵粉※	15
麵團2	31
砂糖	3
奶油	1
加糖蛋黃（加糖20%）	15
〈Biga 硬種〉	
麵粉※	10
麵包酵母（生）	0.5
Euromalt 麥芽精	0.5
砂糖	2
牛奶	5

與聖誕水果麵包相比，潘多酪在日本算是更少見的發酵糕點。但因為我開始起種，自製聖誕水果麵包後，想說可以試著挑戰這款使用同酵母種的品項。

因為日本不曾有過類似的口感、形狀及風味，感覺會是款非常有潛力的糕點。既然製作上相當耗時費工，我也會希望將其打造成為獨一無二的商品。

食譜、製作：大村　田（WANDERLUST）

烤模尺寸 直徑 19cm 高 14cm

步　驟	

〈麵團1〉
攪拌·················· 手揉
揉成溫度·············· 26℃
發酵時間 ············· 2.5小時（27℃ 75%）

〈麵團2〉
攪拌·················· 手揉
揉成溫度·············· 26℃
發酵時間 ············· 2.5小時（27℃ 75%）

〈麵團3〉
攪拌（縱型）·········· 約10分
揉成溫度·············· 26℃
發酵時間 ············· 2小時（27℃ 75%）

〈Biga 硬種〉
攪拌·················· 手揉
揉成溫度·············· 24℃
發酵時間 ············· 2小時（27℃ 75%）

〈主麵團〉
ⓐ
攪拌（螺旋攪拌機）··· L5～6分
揉成溫度·············· 24℃
發酵時間·············· 2小時（27℃ 75%）

ⓑ+ⓑ'+ⓒ
攪拌（螺旋攪拌機）··· L6分↓砂糖L3分↓蛋L2分↓鹽
　　　　　　　　　　　L3分↓奶油L3分↓可可脂L3分↓
　　　　　　　　　　　ⓒL5分↓蘭姆酒L2分
揉成溫度·············· 24℃
發酵時間·············· 1小時（27℃ 75%）
分割、整型 ·········· 500g入模
最後發酵·············· 10小時（28℃ 75%）
烘烤（旋風烤箱）······ 170℃ 33分

配　方	

〈主麵團ⓐ〉　　　　　　　　　　　　　　　　（%）
麵粉※ ·· 24
麵團3 ·· 全量
Biga 硬種 ··· 全量
奶油 ·· 3
加糖蛋黃（加糖20%）······························ 18
牛奶 ·· 5

〈主麵團ⓑ〉
麵粉※ ·· 35
砂糖 ·· 15
蜂蜜 ·· 2
加糖蛋黃（加糖20%）······························ 12
全蛋 ·· 15
牛奶 ·· 6

〈主麵團ⓑ'〉
鹽 ·· 1.4
砂糖 ·· 18
奶油 ·· 12
可可脂 ·· 2.5
加糖蛋黃（加糖20%）································· 8

〈乳化劑（Emulsion）〉
┌ 奶油 ·· 44
ⓒ 加糖蛋黃（加糖20%）····························· 8
└ 香草膏 ··· 1
蘭姆酒 ·· 1

將ⓒ混勻備用。

※ 麵粉：Selvaggio Farina Forte 麵粉（日清製粉）

主麵團

將主麵團ⓐ的材料全放進攪拌盆，啟動攪拌。

當盆中的麵團成型，拉開時薄膜可以展延開來的話，即可完成攪拌。時間大約為低速 5～6 分鐘。

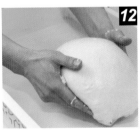

整型讓表面帶有彈性，使其發酵。

將主麵團ⓑ的所有材料和步驟 **12** 的麵團放入攪拌盆，攪拌均勻。

Biga 硬種

製作麵團 3 的同時也一起處理 Biga 硬種。

放進發酵箱，以 27℃、75% 的條件發酵 2 小時。

↓ 2.5 小時後

發酵 2.5 小時。

麵團 3

將麵團 3 的材料倒入攪拌盆拌勻。

當麵團成型到能看見盆底就可停止攪拌。

放進發酵箱發酵 2 小時。

麵團 1

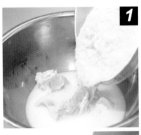

瀝掉元種的水分，與牛奶、粉類均勻混合。

↓ 2.5 小時後

放進發酵箱，以 27℃、75% 的條件發酵 2.5 小時。

麵團 2

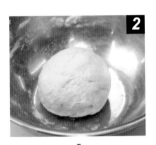

將麵團 2 的材料充分揉捏混勻。

26

放進發酵箱以 28℃ 發酵 10 小時。

出爐後先不用脫模，靜置 3 小時放涼。

麵團會呈現稍微鬆垮的狀態。接著發酵 1 小時。

當麵團成型到可以看見盆底時，加入主麵團ⓑ'的砂糖。接著依序加入蛋黃、鹽，充分攪拌均勻，最後加入油脂（奶油、可可脂）。一個材料分數次加入拌勻後，再依序加入下個材料。

放涼後，脫模取出。可依個人喜好塗抹糖粉。

放入 170℃的旋風烤箱烘烤 33 分鐘。由於潘多酪高度較高，能使用的烤箱有限。

在工作台、器具上塗抹橄欖油。分割成每顆 500g 的麵團並揉圓。

繼續分數次加入已經混合均勻的乳化劑ⓒ。

將麵團揉圓，讓表面帶有彈性後，即可直接放入烤模。

最後加入蘭姆酒，充份拌勻。

聖誕水果麵包／潘多酪
Panettone / Pandoro

配方	
〈Biga 硬種〉前一天做好備用	（%）
麵粉※	32
速發乾酵母（金裝）	0.05
牛奶	18
〈主麵團〉	
麵粉※	68
速發乾酵母（金裝）	1
鹽	1.2
上白糖	20
蜂蜜	8
脫脂奶粉	5
奶油	30
加糖蛋黃（加糖20%）	35
水	20

追加配方
● 潘多酪用水果（每1kg麵團的分量）

	柳橙皮	40g
	香橼皮	30g
ⓐ	蘇丹娜葡萄乾	80g
	香草油	10g

將ⓐ拌勻備用
奶油 ⋯⋯⋯⋯⋯⋯⋯⋯⋯⋯⋯⋯ 20g／個

※ 麵粉：RUSTICA（日清製粉）

步驟

〈Biga硬種〉
攪拌	L5分
揉成溫度	25℃
發酵時間	18～22小時（28℃ 80%）

〈主麵團〉
攪拌	M3分↓Biga硬種M6分↓奶油（分3次）・砂糖L8分（潘多酪的話，這之後要↓水果，拌勻即可結束）
揉成溫度	24℃
發酵時間	30分 P30分（28℃ 80%）

【聖誕水果麵包】
分割重量	250g
醒麵	無
整型	入模 圓柱形
最後發酵	240分（28℃ 80%）
烘烤	劃刀 奶油 180℃／220℃ 25分
最後加工	上糖漿

【潘多酪】
分割重量	300g
醒麵	無
整型	入模 星形
最後發酵	約180分（28℃ 80%）
烘烤	180℃／220℃ 20分

由於這兩款糕點在義大利各地相當常見，於是我也希望能於聖誕檔期前，提高這類糕點在日本的知名度，於是加入自己的想法，開始作為常態商品整年置於店內銷售。考量每天的工作量，決定使用同款麵團，以有無水果、形狀差異作為商品區隔。

食譜、製作：井上克哉（La tavola di Auvergne）

聖誕水果麵包烤模 直徑 9.5cm 高 9.5cm

潘多酪烤模 上 18/12cm 下 12/9cm 高 10.5cm

28

潘多酪

4

取出製作潘多酪需要的麵團分量，進行發酵。發酵30分鐘後，排氣翻面，繼續發酵30分鐘。

5

分割成300g。無需醒麵，揉圓後即可入模。

6

最後發酵時間大約為180分鐘。

7

放進上火180℃、下火220℃的烤箱烘烤20分鐘。

8

出爐後立刻脫模，上下顛倒放涼。

聖誕水果麵包

9

最後發酵時間大約為240分鐘。

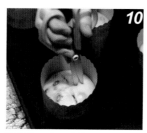

10

發酵後，在上方乾掉的部分用剪刀剪出十字，大約是1層薄皮的深度。

11

將薄皮剝開，中間擺放奶油。

12

放進上火180℃、下火220℃的烤箱烘烤25分鐘。

13

出爐後，立刻刷上糖漿。

4

將事先拌勻的水果加入麵團（先取出潘多酪要用的分量），攪拌至均勻即可停止。

5

拌勻後接著發酵。

6

發酵30分鐘後，排氣翻面，繼續發酵30分鐘。

7

分割成250g。

8

無需醒麵，揉圓後即可入模。

共通

Biga 硬種

1

於前一天先備妥Biga硬種。

主麵團

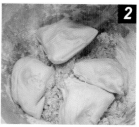

2

製作當天，將奶油以外的材料全部放進攪拌盆，以中速攪拌3分鐘。將Biga硬種切大塊加入，繼續揉製6分鐘。

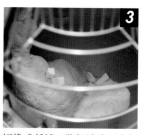

3

切換成低速，將奶油分3次加入。第2次時將砂糖全數加入。前後揉製時間約8分鐘。

聖誕水果麵包
Panettone

這款是源自米蘭,更是義大利聖誕節一定看得到的發酵糕點。傳統的米蘭聖誕水果麵包長得很高,上面還會劃入十字,放奶油再進爐烘烤。但時至今日,目前義大利各地較常見的現代版聖誕水果麵包多半直徑較大,像書中這種會在上面覆蓋甜杏仁醬(日文為ギャッチャ)或撒糖塊的類型又稱為 Panettone Piemontese。有些則會以全麥麵粉製作、或是添加水果、在表面做裝飾,搭配各種變化,因此現在可見非常多樣的聖誕水果麵包。

食譜、製作:野澤圭吾(GTALIA)

配 方	
〈中種〉	(g)
麵粉※	678
Lievito(乾燥)※※	150
麵包酵母(生)	1
鹽	6.6
精製白糖	66
奶油	200
蛋黃	100
水	400
〈主麵團〉	
麵粉※	352
食鹽	4.4
精製白糖	194
蜂蜜	65
奶油	150
蛋黃	150
水	60
柳橙皮(切成1cm塊狀)	
葡萄乾(放入滾水1分鐘,瀝乾後放涼)	
	總計600
柳橙果泥	適量
聖誕水果麵包香精	適量
香草精	適量

■ 甜杏仁醬(直徑16cm聖誕水果麵包烤模 7〜8個分)

杏仁粉	210g
麵粉	30〜40g
糖粉	500g
蛋白	150〜170g

（混合）

杏仁(整粒 已熟)	適量
糖粉	適量

※ 麵粉:Selvaggio Farina Forte 麵粉(日清製粉)

※※Lievito:將義大利烘焙店使用的材料與麵粉混合乾燥保存,直接取粉體使用。

聖誕水果麵包烤模 直徑 16cm 高 6cm

中種

1 除了中種材料的奶油，將其他所有材料放入攪拌盆，攪拌約10分鐘。

2 麵團成型後，再少量逐次加入奶油。攪拌5～10分鐘，奶油與麵團拌勻且麵團出現光澤後即可取出。

3 蓋上保鮮膜，以28～30℃、70%的條件發酵11～12小時。
★可以同時取300g麵團放入1ℓ的量杯，觀察麵團何時發酵到填滿杯子，作為發酵程度的指標。

主麵團

4 在放了主麵團的粉類、鹽的攪拌盆內，加入步驟3的中種。攪拌均勻後，分4次加入砂糖。接著加入蜂蜜，讓麵團充分吸收。少量逐次加入蛋黃，當40分鐘後，麵團跟蛋黃完全結合，且麵團成型後，繼續少量逐次加入奶油。

奶油拌勻後，接著加入水果。 **5**

麵團完成。
以26℃發酵約30分鐘。 **6**

接著將麵團分割成500g，並直接放入烤模。 **7**

8 以28～30℃、70%的條件靜置至少4小時。

9 用平口花嘴將甜杏仁醬均勻塗在麵團表面，放入杏仁，再整個撒下糖粉。

10 以160～170℃的烤箱烘烤40～45分鐘，中心溫度達以92～94℃即可取出。
★中心溫度勿超過94℃。
★當單顆麵團重量不超過500g，烘烤時間建議控制在40分鐘內，1kg的麵團則勿超過50分鐘。

11 橫插入金屬籤，上下顛倒一晚放涼。

31

義大利糕點之王「聖誕水果麵包」

讓入冬時節變得繽紛，每年一遇的奢華麵包

聖誕水果麵包被認為源自米蘭。以文藝復興時代為發展舞台的聖誕水果麵包為何會稱為 Panettone 眾說紛紜，最為人所知的，就屬 Panettone 之名其實來自 Sforza 公爵家廚房的說法。據說主廚在準備宮廷宴會時搞砸了糕點，於是，一位名叫 Toni 的實習師傅將剩餘的麵團加入大量果乾，揉製烘烤後作為替代品供賓客品嚐，Sforza 公爵本人更是相當喜愛，於是問了這款糕點的名稱，得到的回答是 Pan del Toni（Toni 的麵包），最後 Pan del Toni 發展為 Panettone。

從語感來看，Panettone 是在意指小麵包的「Panetto」後面加上意指「大」的字尾 "tone"，所以會給人「厲害大麵包」的印象。Panettone 名稱的由來就是如此地單純，但既然是「厲害大麵包」，存在於許多符合這個名稱的厲害傳說似乎也就不是那麼稀奇了。

據說聖誕水果麵包的起源早於文藝復興時期，可以追溯到基督教時期以前。當時的人們會在 12 月冬至左右舉行儀式，祈求未來有個豐饒之年，儀式中會準備使用大量有祝福之意的蜂蜜、果乾等食材製成的 "Pan Grandi"（大麵包），這款

麵包更成了基督教時代慶祝聖誕節最具象徵性的麵包。再加上後來葡萄乾代表財富、柳橙代表愛、香橼（香水檸檬）象徵永恆，於是人們開始出現將 Panettone 聖誕水果麵包贈送給親友的習慣。

聖誕水果麵包使用的素材品質也隨時代不斷進步，開始添加砂糖、奶油和雞蛋。1930 年代，米蘭的糕點公司更採用紙製烤模，致力宣傳推廣，終於讓聖誕水果麵包的知名度在義大利傳開來。義大利各地雖然都有自己傳統的聖誕節糕點，但聖誕水果麵包可說是普及整個義大利，全國皆知的聖誕節糕點。

20 世紀發展至今日，聖誕水果麵包的多樣化

隨著糕點業者大量生產的聖誕水果麵包數量增加，每當聖誕節即將到來時，就能在超市看到堆疊成一座山的聖誕水果麵包。在面對便宜聖誕水果麵包席捲市場的浪潮中，米蘭的糕點店（Pasticceria）更是深感危機，緊守傳統製法。

照理說，聖誕水果麵包必須使用以粉類、水、自己起種製成的 Lievito Madre（自家培養發酵種），耗費長時間慢慢製作，不同師傅做出來的成品風味也會不同。至於保存期限，最長頂多 2 個月，但最佳品嚐時機會落在完成的一週後。反

觀，大量生產的聖誕水果麵包使用乳化劑預防乾燥，保存期間甚至可長達半年至 9 個月，讓人覺得非常不可思議。糕點師傅們（Pasticcere）深知，若再這樣下去，職人手作的聖誕水果麵包一定會被糕點公司的商品驅逐出市場，於是努力思索如何製作出質地更好的聖誕水果麵包，讓自己得以存活下去。

於是，糕點師傅們仔細研究素材，做出充滿氣泡、質地柔軟滑順的糕體，著重乳酸菌香氣和奶油風味的呈現。在評論這類聖誕水果麵包時，更開始出現 setoso（如絲絹般）這類形容詞，如果是類似傳統麵包的口感，則會用 panoso（很像麵包）來描述。

另外，米蘭傳統經典的聖誕水果麵包基本上會使用葡萄乾、柳橙、香橼等水果，但後來也出現

佛羅倫斯百花大教堂附近每年都會擺設耶穌降生場景（presepio）

佛羅倫斯百貨公司內的聖誕水果麵包銷售區

Gianfranco 製作的經典聖誕水果麵包切面

拍攝於義大利馬爾凱區（Marche），由 Gianfranco Nicolini 先生經營的糕點店「Romana」廚房內

許多搭配個各種不同的副材料（巧克力、堅果或是其他水果）。西洋梨和巧克力更成了當今最常見的組合，目標走在時代尖端的糕點師傅同樣會積極思考嶄新獨創的聖誕水果麵包，力求產品的多樣性。

此外，規定中還提到奶油必須佔整體材料至少16％以上，這對於目前講究健康，或是不想使用奶油，追尋自我風格的職人們來說，更是條綁手綁腳的規定。甚至不少糕點師傅捨棄聖誕水果麵包之名，改以「佛卡夏」、「聖誕發酵糕點」等名稱，銷售聖誕水果麵包形狀的產品。

這樣的獨特發展路線，更影響到每年11月左右在義大利各地（尤其是義大利北部）舉辦的聖誕水果麵包比賽，基本上每個比賽都會設置米蘭傳統組、現代組，甚至是更多的競賽項目。

此外，受到2020年全球疫情的影響，義大利出現許多積極跨足電商市場的餐飲業者，不少擁有米其林光環的高檔餐廳也開始製作販售聖誕水果麵包和鴿子麵包。這些餐廳極度講究調理技術、使用嚴選食材，站在完全不同於過去麵包職人和糕點職人的角度，製作出變化多樣的聖誕水果麵包，及設計感，就連包裝也相當追求高級感，即便價格昂貴仍非常受歡迎，不少商品早在12月初就被預訂一空。

我認為今後仍可見高檔路線的聖誕水果麵包，但傳統烘焙坊和糕點店所製作的聖誕水果麵包同樣受到在地民眾的強烈支持。同樣地，超市一個重達1kg卻只賣2歐元的聖誕水果麵包仍是糕點公司最穩賣的產品。這意味著聖誕水果麵包在義大利的發展會愈來愈多元，對消費者來說，選擇樂趣也會跟著增加。

國家制定的規範與聖誕水果麵包今後的發展

在各式各樣聖誕水果麵包登場的同時，開始出現應透過規範保護傳統聖誕水果麵包的聲音。於是，米蘭商會在2003年提出「米蘭手工傳統聖誕水果麵包（直譯）」的商標申請，並於4年後順利登錄。其後，「米蘭聖誕水果麵包」更被列入由國家制定的傳統農產食品PAT清單中，倫巴底區的產物項目。接著，2005年，農林食品政策省及製造業省（現在的經濟發展省）更將聖誕水果麵包連同潘多酪、鴿子麵包、手指餅乾（Savoiardi）、杏仁餅（Amaretti）全列出生產製造規定。

不過，這裡提到的生產規定不難看出對糕點公司的顧慮，材料原則上都有規範列出，卻也提到，除了能添加牛奶、蜂蜜、麥芽精、可可脂等天然製成的食材，還允許使用乳化劑、防腐劑等物。不只如此，除了Lievito Madre酵母種，甚至核准使用人工酵母，擺明是為了讓業者能更大量生產品質穩定的產品。面對這類情況，義大利糕點職人學會其實一直都表示希望能修訂內容，可惜至今仍未實現。

Text：池田愛美（編輯、新聞工作者）

葡萄義大利扁麵包
Schiacciata all'uva

配 方	
	（g）
麵粉※	960
麵包酵母（生）	24
鹽	24
精製白糖	120
頂級冷壓初榨橄欖油	80
水（溫水）	480
胡桃※※	320
葡萄	900
迷迭香	適量
頂級冷壓初榨橄欖油	適量
精製白糖	適量

※麵粉：中高筋披薩專用粉（江別製粉）
※※胡桃：以160℃烤箱烘烤7～8分鐘。

這是托斯卡尼當地非常有名，「在發酵麵團擺上新鮮葡萄進爐烘烤」，作法既大膽又單純的發酵糕點。早於葡萄即將邁入正式採收期的 8 月中旬起，就能在糕點店和麵包店架上看見它的蹤影。麵包麵團搭配上果實的甜美，會讓人想起發酵糕點的原點。在口中擴散開來的葡萄香甜滋味及口感，都會令人感受到秋天的到來。

食譜、製作：野澤圭吾（GTALIA）

將粉類、麵包酵母、鹽、砂糖、少量溫水加入攪拌盆，啟動攪拌。

邊攪拌，邊倒入剩餘的溫水。

麵團成型後，繼續倒入橄欖油，揉製到整體呈現均勻狀，前後大約需要 13 分鐘。

取至工作台，不斷搓揉直到明顯出筋。接著以 28℃、70% 的條件發酵 40 分鐘。

麵團發酵後，排氣。接著取一半的葡萄，用包覆的方式將葡萄混入麵團中。

接著再取一半的胡桃和迷迭香，用相同方式混合。

取至工作台，室溫下靜置 5 分鐘。

在烤模鋪放烘焙紙，放入麵團，將麵團推開使高度一致。建議使用高 3 ～ 4cm 的大烤盤或烤模。

用手指在麵團四處搓洞，讓內部加熱更均勻。

擺上剩餘的葡萄和胡桃。以 28℃、70% 的條件發酵 30 分鐘。

撒上橄欖油、砂糖，以 180 ～ 200℃的烤箱烘烤 20 分鐘

羅馬生乳包
Maritozzo

配方	圖片為粉類400g的配方量	
	（%）	（g）
麵粉※	100	1000
麵包麵團※※	20	200
鹽	0.25	2.5
精製白糖	20	200
頂級冷壓初榨橄欖油	12	120
全蛋	30～50	300～500
葡萄乾（用熱水泡軟）	32.5	325
柳橙皮（切粗丁）	20	200
松子（剁成粗粒）	20	200

※麵粉：中高筋披薩專用粉（江別製粉）
※※麵包麵團：披薩用麵團（使用麵包酵母〈生〉3.6%）

這款麵包因為夾了大量的鮮奶油，所以被稱為知名度極高的羅馬生乳包，但其實它的起源可追溯至古羅馬時代。羅馬生乳包原本只是款帶有松子、葡萄乾、砂糖漬果皮等材料的糕點，據說男性還會在裡頭藏戒指或珠寶，當成送給女性的禮物。這樣的男性在義大利俗稱 marito（即丈夫的意思），所以才會取名 Maritozzo。

這裡幾經思索了古時候的作法，決定嘗試以前一天的麵包麵團作為發酵材料。

食譜、製作：野澤圭吾（GTALIA）

麵包麵團（示意圖，以 400g 麵粉製作）

將粉類、剁小塊的麵包麵團、鹽、一半的橄欖油、最少量的蛋液倒入攪拌盆，啟動攪拌。

取至工作台，集中成塊，充分捏揉 15 分鐘左右。

3

5 小時後

置於室溫（26～30℃）發酵 4～5 小時，期間要避免麵團乾掉。

4

將步驟 3 發酵好的麵團放入攪拌盆，接著加入砂糖、剩下的橄欖油，繼續揉製。並用剩餘的蛋液調整硬度，揉製出質地柔軟的麵團。

5

加入葡萄乾、柳橙皮、松子。

6

混合均勻後，放置工作台，分割成 350g，搓揉滾圓。

7

在 26～30℃ 的環境下發酵 5～6 小時。

8

以 170℃ 的烤箱烘烤 15～20 分鐘。

熱內亞甜麵包
Pandolce genovese

義大利各地皆可見甜的（= dolce）麵包，但最具代表性之地就屬「熱內亞」了。熱內亞甜麵包反映出各種香料及食材會從熱內亞港進入義大利的歷史，也使得麵包本身的內容物相當豐富。此外，船員們也相當喜歡將熱內亞甜麵包視為能攝取營養，可長時間存放的食物。

食譜、製作：野澤圭吾（GTALIA）

配方		圖片為1/4的配方量
〈起種〉	（%）	（g）
麵粉※	30	300
麵包酵母（生）	5.2	52
全蛋	16	160
〈起種〉		
麵粉※	70	700
鹽	0.4	4
精製白糖	30	300
奶油（冰鎮）	20	200
瑪薩拉酒	16	160
橙花水	1.6	16
香草精	0.2	2
ⓐ 葡萄乾（熱水泡軟）	93	930
柳橙皮（切塊）	33	330
松子	13	130
茴香籽	1	10

※麵粉：中高筋披薩專用粉（江別製粉）

主麵團

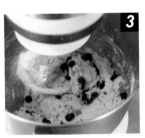

將主麵團的粉類、鹽、砂糖、步驟 2 的麵團還有瑪薩拉酒倒入攪拌盆，啟動攪拌。拌勻後，加入橙花水。麵團充分成型後，加入冰鎮過的奶油，再加入香草精。最後加入ⓐ繼續攪拌，使ⓐ均勻分布麵團中。

2 小時後

稍微排氣，分割成 50g 並整型。接著再以 26～30℃ 的環境條件發酵 2 小時。

3 小時後

取出麵團，放置室溫（26～30℃）發酵 3 小時左右，讓麵團變 2 倍大。

以 180℃ 的烤箱烘烤 40～50 分鐘。

起種

靜置室溫（26～30℃）60 分鐘，讓麵團發酵變 2 倍大（左→右），期間要避免麵團乾掉。

將起種麵團的材料放入料理盆混勻。放上工作台，繼續搓揉出筋。

玉米麵包
Pan de maj

　　maj 在米蘭方言中其實是「小米」的意思。以前會以小米、稷作為材料，每個地區的名稱也不太一樣。18世紀後，更開始搭配玉米粉、麵粉等其他材料，使其樣貌既豐富又常見，是款能享受到玉米粉噗滋噗滋口感的傳統發酵糕點。

食譜、製作：野澤圭吾（GTALIA）

配　方		
	（％）	（g）
麵粉※ …………………………………	50	500
玉米粉（磨粗粒）……………………	50	500
麵包酵母（生）………………………	5	50
鹽 ……………………………………	0.35	3.5
精製白糖 ……………………………	50	500
奶油 …………………………………	50	500
全蛋 …………………………………	25	250
溫水（26～30℃）…………………	30～33	300～330
檸檬皮（磨泥）……………………	1.6	16
香草精 ………………………………	0.35	3.5
30度波美糖漿 ………………………		適量
（將100:130比例的水和精製白糖以小火3分鐘煮到融化）		
精製白糖 ……………………………		適量
糖粉 …………………………………		適量

※麵粉：中高筋披薩專用粉（江別製粉）

玉米粉

3 將發酵好的麵團放回攪拌盆，加入玉米粉、鹽、砂糖、檸檬皮、香草精，啟動攪拌。接著加入雞蛋，繼續揉製20分鐘。麵團成型後，少量逐次加入奶油。

1 將麵粉、麵包酵母放入攪拌盆，啟動攪拌，過程中要少量逐次加入溫水。持續攪拌10分鐘，讓麵團成型且帶有光澤。

4 揉製完成後，分割成每顆100g的麵團，排列在烤盤上。

40分鐘後

5 以30℃、60%的條件發酵50分鐘。

以30℃、75%的條件發酵30～40分鐘。

6 於麵團上方塗抹糖漿，均勻撒上砂糖，接著撒點糖粉。以170℃的烤箱烘烤30分鐘。

布里歐麵包
Brioche

　　法國布里歐在製作此款麵包是使用奶油，但義大利南部是使用豬油，而且上面一定要撒砂糖。因為味道清爽，很適合抹巧克力榛果醬、果醬、卡士達奶油醬，或是跟著義式冰淇淋一起享用。另外，將大顆烤好的布里歐麵包切片再低溫烘乾後就是「Fette Biscottate 麵包乾」，常被作為可以久放的早餐用麵包。

食譜、製作：野澤圭吾（GTALIA）

配方		圖片為粉類500g的配方量
	（%）	（g）
麵粉※	100	1000
麵包酵母	5	50
鹽	2	20
精製白糖	20	200
脫脂奶粉	3	30
豬油	100	200
全蛋	18	180
水	40	400
ⓐ 柳橙果泥	4	40
香草精		適量
塗抹用蛋液		適量
精製白糖		適量

※麵粉：中高筋披薩專用粉（江別製粉）

除了蛋、水、ⓐ，將其餘材料放入攪拌盆，啟動攪拌。

加入蛋、水，低速攪拌讓麵團充分出筋。當麵團差不多成型後，加入ⓑ。

置於室溫（26～30℃）發酵1小時，期間要避免麵團乾掉（圖為發酵後）。

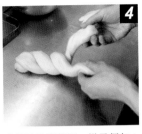

分割並整型麵團。辮子麵包：將 120g 的麵團搓成條狀，編成辮子（圖中使用 2 條，另也可用 3 條、4 條編製）。

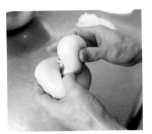

Nodino：將 150g 的麵團揉圓搓洞，做成甜甜圈形狀。另外準備 50g 麵團，揉成水滴狀，將尖的那端插入洞裡。
其他還可以做成半球形、蛋形，若有烤模也能做成吐司形狀。

置於室溫（26～30℃）1 小時後，繼續放置 5～8℃的冰箱冷藏 20 小時。

從冰箱取出讓麵團回溫，1 小時後塗抹蛋液。接著均勻撒上精製白糖，以 170～175℃的烤箱烘烤 20～30 分鐘。

對美味極度執著的義大利糕點師傅們

野澤圭吾

週末才會供應使用鮮奶油的新鮮品項。如果客人表明是要慶祝用，師傅們就會做成繽紛的蛋糕

我曾工作過的「Pasticceria Andrea e Gianni」，店寬很窄

我曾工作過的糕點店（Pasticceria）就位於從拿坡里搭乘「義大利私鐵」（Circumvesuviana）1小時可以抵達的地方，名叫維科埃昆塞（Vico Equense），糕點店就在這個環山面海之城的市中心。與以藍洞聞名的卡布里島相距不遠，是個能感受到充滿拿坡里開朗氣息的城鎮。

店內展示了7、8種發酵糕點、超過10種的烘烤類及大型蛋糕，包含了早餐用、咖啡廳用、點心用各種不同品項，客人從一早就絡繹不絕。

我們從清晨4點半開始工作，第一件事是從冰箱冷藏拿出前一天先備妥的布里歐麵團。義大利有個說法，「到了糕點店，先品嚐布里歐麵包就對了！」由此不難理解到，布里歐麵包是多麼地重要。每間店的食譜（配方）或許不太一樣，但因為作法單純，反而更能從味道品嚐出製作者的態度。如果一間糕點店的布里歐麵包好吃，就能證明這間店的功力不錯！

不同於法國會使用的材料，拿坡里風味的布里歐麵包是用豬油和脫脂奶粉，然後

加入柳橙果泥增添香氣。烘烤前還會塗抹蛋液，撒上糖塊。開始烤布里歐麵包後，會接著製作「螺旋捲」（Cornet）。這款糕點形狀很像法國可頌，但沒有那麼多層次，外表蓬鬆，裡頭卻很扎實，上頭當然還是少不了蛋液和糖塊。兩者都會在烤出爐後，填入卡士達奶油醬或榛果醬。這是拿坡里人最喜歡的食物，雖然也有什麼都沒加的原味螺旋捲，不過包餡的螺旋捲極受歡迎，店內員工都愛吃，所以包餡螺旋捲往往會被最先拿光。

另外，對義大利人來說極為重要，沒吃到就等於沒過年的聖誕水果麵包則會從10月開始試做。第一個動作是先以前一年的方法發酵Lievito。不過，師傅們還是會研究其他店家的產品、鑽研新款麵粉的用法，對於新知識極為飢渴，所以食譜也會每年跟著進化，為的就是「讓客人品嚐到更美味的糕點」。配方大致底定後，就會進入大量生產體制。從師傅們熱心研究的態度來看，便不難想見為何在地民眾的預約電話會響個不停。

我認為店裡有著義大利最好吃的聖誕水果麵包

拿坡里氣候溫暖，平日主要都是提供可常溫存放的發酵糕點或烘烤品項

41

巴巴
Babà

配 方	圖片為粉類200g的配方量	
	（%）	（g）
麵粉※	100	1000
麵包酵母（生）	3	30
鹽	2	20
精製白糖	4	40
奶油	40	400
雞蛋	120	1200
巴巴糖漿		適量
杏桃果醬		適量
卡士達奶油醬		適量
Amarena 櫻桃		適量

※ 麵粉：中高筋披薩專用粉（江別製粉）

這是坎帕尼亞大區（Campania）拿坡里當地的人氣糕點。先將布里歐麵包使用的麵團烤成紅酒軟木塞的形狀後，再讓麵包吸附飽滿的蘭姆酒糖漿。巴巴雖然源自18世紀的法國，但相傳19世紀拿坡里人去學習法式料理的同時，也將這道糕點帶回家鄉並推廣開來。

食譜、製作：野澤圭吾（GTALIA）

■ 拿坡里版本的巴巴糖漿（ponci di Baba）

精製白糖	2kg
水	5ℓ
橘子皮	1顆分
檸檬皮	1顆分
肉桂棒	1支
丁香	4顆
蘭姆酒	400g

① 將蘭姆酒除外的所有材料放入鍋中加熱。
② 煮滾後，用濾網過濾，隔著冰水冰鎮降溫。
③ 變涼後，加入蘭姆酒。

模尺寸 底部直徑 4cm 開口直徑 5.7cm 深 5cm

1 將雞蛋、奶油以外的所有材料加入攪拌盆。啟動攪拌，過程中少量逐次加入雞蛋，揉製均勻。

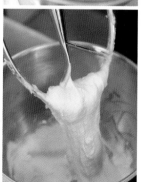

2 麵團成型後，再少量逐次加入奶油，即可完成麵團製作。

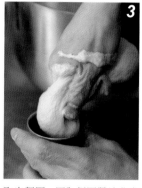

3 取出麵團。因為麵團質地非常軟，可用手擠入烤模中。

↓ 1 小時後

4 以 28 ～ 30℃、70% 的環境條件發酵 1 小時。

5 以 175℃的烤箱烘烤 30 分鐘。

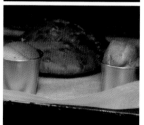

6 脫模，浸泡糖漿一晚。

7 隔天，瀝掉糖漿，接著浸泡在稍微加熱變軟的杏桃果醬中。

8 取出放涼後，擠上卡士達奶油醬，擺放 Amarena 櫻桃裝飾。

43

普利亞耶誕玫瑰脆餅
Carteddate

義大利南部的聖誕糕點。不只外觀看起來相當華麗，還帶有硬脆香酥的口感及甜味，再加上瑪薩拉酒的辣勁，是會讓人上癮的美味。也可以將同塊麵團配方改以烤箱烘烤，作法則是從烤箱出爐後，稍微泡一下 Vincotto 濃縮葡萄汁，再撒上肉桂粉。

食譜、製作：野澤圭吾（GTALIA）

配 方	圖片為粉類500g的配方量	
	（%）	（g）
麵粉※	100	1000
麵包酵母（生）	4	40
鹽	0.4	4
頂級冷壓初榨橄欖油	14.5	145
瑪薩拉酒	6〜8	60〜80
溫水（30℃）	30〜40	300〜400
蜂蜜		適量
肉桂粉		適量
糖粉		適量
油炸用橄欖油		適量

※麵粉：中高筋披薩專用粉（江別製粉）

瑪薩拉酒

1 將麵包酵母、少量溫水（從材料的溫水取用）放入料理盆，溶解後再加入瑪薩拉酒、鹽拌勻。

2 將粉類、剩餘溫水、橄欖油、步驟**1**的材料放入攪拌盆，以低速拌勻。由於麵團偏硬，可改用手揉成塊。也可追加溫水調整麵團軟硬。硬度相當於未添加酵母的義大利麵麵團。

3

2 小時後

將麵團放至工作台，充分揉捏讓質地均勻。包覆保鮮膜，放置室溫（26℃）發酵 2 小時。
★如果麵團偏硬，不好捏成塊的話，可以在開始發酵 30 分鐘的時候先搓揉一次。

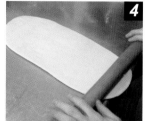

4

將發酵好的麵團均勻　成 1.5～2mm 厚。

5 以切派用的鋸齒刀切成 5×50cm 條狀。再將寬邊對折一半。

6

從邊緣開始捲起，偶爾施力捏壓，讓麵團彼此能夠黏住。捲完後，用力按壓收邊。捲成直徑大約 5cm 的圓形。

7 放入 180℃油鍋，正反不斷翻面油炸約 10 分鐘。

8 將油瀝乾，浸蜂蜜。最後再撒上肉桂粉及糖粉。

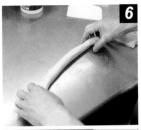

將麵包酵母、少量溫水（從材料的溫水取用）放入料理盆，溶解後再加入瑪薩拉酒、鹽拌勻。

加入麵包酵母。

加入柳橙果泥，繼續揉製成滑順狀。

揉製完成後，置於室溫（26～30℃）發酵 60 分鐘，期間要避免麵團乾掉。

將麵團分割成大尺寸 120g、小尺寸 50g。

搓成條狀，繞出圓形並讓末端交叉。

維持此狀態，繼續置於室溫（26～30℃）發酵 1.5 小時，接著放進冰箱冷藏 20 小時。

下鍋油炸前，先將麵團從冰箱取出 1 小時回溫。

放入 170℃油鍋，大的油炸 6～7 分鐘，小的約 4 分鐘。

裹上精製白糖。

義式甜甜圈
Graffa

這是義大利各地經常會作為早餐食用的油炸麵包。據說是源自奧地利、德國的 Krapfen，義大利人說，後來變成在地習慣的發音，所以才會叫做 Graffa。另外，揉成圓形，裡頭擠入奶油或果醬的義式甜甜圈又名叫 bomba（炸彈），托斯卡尼當地則是稱其為 Bombolone。

食譜、製作：野澤圭吾（GTALIA）

配方	圖片為粉類500g的配方量	
	（％）	（g）
麵粉※	100	1000
麵包酵母（生）	3	30
鹽	2	20
精製白糖	10	100
豬油	10	100
全蛋	12	120
水	40～45	400～450
柳橙果泥	1.5	15
油炸用橄欖油		適量
精製白糖		適量

※麵粉：中高筋披薩專用粉（江別製粉）

炸蘋果麵包
Frittelle di mele

　　這是義大利復活節前的「謝肉祭」慶典會食用的油炸糕點。天主教徒習慣在復活節前的 40 天禁止吃肉，改吃 Frittelle 這類高熱量的油炸糕點。這款糕點歷史非常悠久，早從古羅馬帝國時期就已經問世，文藝復興時代也可見其蹤跡。書中則是特別加入蘋果（mele）。

食譜、製作：野澤圭吾（GTALIA）

配 方	圖片為粉類200g的配方量

	（g）
麵粉※	1000
麵包酵母（生）	53
塩	5.3
精製白糖	210
全蛋	315
牛奶	500
檸檬皮（磨泥）	1顆分
葡萄乾（用水泡軟）	263
松子	132
蘋果	2.5〜3個
油炸用橄欖油	適量
糖粉	適量

※麵粉：中高筋披薩專用粉（江別製粉）

將右邊配方中的麵粉到檸檬皮全放入料理盆，充分拌勻。

加入葡萄乾、松子、蘋果丁，繼續拌勻。

置於室溫（26〜30℃）發酵 1 小時，期間要避免麵糊乾掉。

將兩支湯匙沾油，取一團麵糊，塑型後放入 170〜175℃ 的油鍋，油炸 5〜8 分鐘。

瀝乾油，撒上糖粉。

布里歐麵包麵團應用

玫瑰麵包
Torata delle rose

配 方	

★麵團配方與 P77 相同

布里歐麵包麵團（70%中種法）	(%)
〈中種〉	
麵粉※	70
速發乾酵母（金裝）	1.2
Euromalt 麥芽精	0.5
鹽	0.2
脫脂奶粉	3
奶油	20
蛋黃	20
全蛋	30
優格	5

※麵粉：特級國王（Super King，日清製粉）

〈主麵團〉	
麵粉※※	30
鹽	1
上白糖	25
奶油	30
全蛋	25

※※麵粉：山茶花（日清製粉）

追加配方

■ 奶油醬（容易製作的分量）

奶油	1000g
砂糖	750g
香草莢	1/4支

混合所有材料。

追加配方

■ Maraschino 櫻桃糖漿（容易製作的分量）

砂糖	450g
水	700g
Maraschino 櫻桃利口酒	45g

將砂糖與水煮沸，放到不燙手後，加入利口酒。

我在義大利的飯店吃過後，就決定自己也要來製作這道品項。店裡是以 P77 布里歐麵包的麵團製作，但烘烤加熱後奶油醬會滲入麵團，最後再整個塗抹糖漿，不只是早餐習慣吃甜食的義大利人會喜歡，也很推薦愛吃甜的日本讀者品嚐看看。

食譜、製作：井上克哉（La tavola di Auvergne）

烤模尺寸 直徑18cm 深5cm

每條麵團切成 7 塊，均勻排入直徑 18cm、高 3cm 的烤模，切面要朝上。

再次發酵 80 分鐘。 **11**

以上火 180℃、下火 220℃ 的烤箱烘烤約 25 分鐘。

烘烤了 20 分鐘的時候暫時取出，均勻抹上大量 Maraschino 櫻桃糖漿使其吸收。利用剩餘的烘烤時間蒸發掉表面水分。

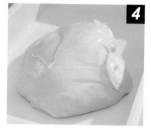

以 28℃ 80% 的條件發酵 1 小時。

將發酵後的麵團分割成 200g。 **5**

先稍作冰鎮，會比較好整型。 **6**

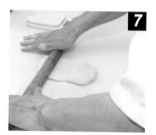

將 200g 的冰鎮麵團 成縱長 20cm、寬 10cm 的長方形。

每片麵團抹上 60g 奶油醬。

從手邊往前捲起。

★主麵團發酵時間為止的內容皆與 P77 相同。

〈中種〉
攪拌······················· L3分 M3分
揉成溫度················· 25℃
發酵時間················· 4小時（28℃ 80%）

〈主麵團〉
攪拌··········· L3分 M3分 ↓奶油（分3次）· 砂糖M8分
揉成溫度················· 25℃
發酵時間················· 1小時（28℃ 80%）
分割······················· 200g
冷藏······················· 冰鎮麵團（0℃）
整型······················· 20×10cm
　　　　　　　　　 奶油醬 @60g
　　　　　　　　　 入模
最後發酵················· 約80分（28℃ 80%）
烘烤······················· 180℃ /220℃ 25分

接著，分 3 次加入奶油，期間再繼續捏製 8 分鐘。在第 2 次加入奶油的時候倒入全部砂糖。

中種

將中種步驟的所有材料攪拌，發酵 4 小時後，分割成大塊。 **1**

主麵團

將粉類、鹽、雞蛋放入攪拌盆拌勻後，加入中種，以低速 3 分鐘、中速 3 分鐘揉製。

可頌麵團應用

卡倫契諾
Cannoncino

可頌麵團應用

千層貝殼酥
Sfogliatella

在我的店內，「卡倫契諾」的作法跟「千層貝殼酥」一樣，都是先進行 2 次四折步驟，無最終發酵直接進爐烘烤。不過還要講究一道工序，那就是烘烤後，要繼續放置烤箱一晚，透過低溫烘烤，得到輕盈口感。希望能讓客人享受到硬脆質地與偏軟卡士達醬所帶來的對比口感。

「千層貝殼酥」這道義大利糕點源自拿坡里，但當地製作時並沒有發酵步驟，所以原本並不屬於發酵糕點類。但我看了千層貝殼酥的折疊造型後，心想或許能套用可頌麵團，於是開始試做。做了 2 次的四折步驟，無最終發酵直接進爐烘烤後，就是這次的成果。原本還很煩惱看起來沒什麼分量，但獨特口感頗受客人喜愛呢。

食譜、製作：左右皆為 井上克哉
（La tavola di Auvergne）

麵團排氣、壓平，放置 0℃ 過夜。

除了折疊用奶油，將其餘所有材料放入攪拌盆，以低速 5 分鐘、中速 1 分鐘攪拌。

可頌麵團

除了折疊用奶油，將其餘所有材料放入攪拌盆，以低速 5 分鐘、中速 1 分鐘攪拌。

以 28℃、80% 發酵 1 小時。

先分割成 1750g 的大塊麵團，揉圓，靜置冰箱冷藏 2～3 小時。

〈可頌麵團〉	（%）
麵粉※	100
速發乾酵母（紅裝）	1
Euromalt麥芽精	0.3
鹽	2
上白糖	8
脫脂奶粉	5
奶油	5
水	55
折疊用奶油	50

※ 麵粉：Legendaire 麵粉20% ＋ Terroir pur 麵粉30%
　　　 特級國王50%（皆為日清製粉）

追加配方

● 千層貝殼酥
　 無花果果泥：奶油乳酪 ＝ 3:7 ………… 40g／個

追加配方

● 卡倫契諾
　 卡士達醬 ………… 30g／個
■ 卡士達醬（容易製作的分量）

麵粉（Terroir pur）	45g
玉米澱粉	45g
上白糖	160g
奶油	100g
蛋黃	8顆
牛奶	1000㎖
香草莢	1/4支

步 驟

攪拌（螺旋攪拌機）	L5分 M1分
揉成溫度	25℃
發酵時間	1小時（28℃ 80%）
分割大塊	1750g
冷藏	過夜（0℃）
折疊	四折2次

【千層貝殼酥】

分割重量	捲起 50g
整型	橢圓形、包入奶油乳酪
最後發酵	無
烘烤	250℃／200℃ 15分

【卡倫契諾】

分割重量	帶狀 40g
整型	纏繞在細圓筒模上
最後發酵	無
烘烤	250℃／200℃ 15分
	→120℃ 一晚
最後加工	冷卻後，擠入奶油醬

可頌麵團應用
卡倫契諾

表面均勻裹上精製白糖。擺進烤盤，麵團起點與終點那面要朝下。

無需最後發酵，直接以上火250℃、下火200℃的烤箱烘烤15分鐘。

接著再用當天烤箱最後的餘溫（120℃左右），繼續靜置一晚。

放涼後，擠入30g卡士達醬。

將可頌麵團　成厚2mm、寬40cm的大小。

稍微放入冷藏，以利進行後續的分切作業。

分切成40g（圖為麵團對折後再分切）。

將麵團均勻纏繞在細圓筒模上，纏繞時要重疊一半左右的寬度。起點與終點要調整成同一側（朝下）。

可頌麵團應用
千層貝殼酥

將　麵棍放在麵團中央，　成橢圓形。

包入40g餡料（無花果奶油乳酪）。

在朝上那面噴水，沾附精製白糖。

無需最後發酵，直接以上火250℃、下火200℃的烤箱烘烤15分鐘。

將可頌麵團　成厚3mm、寬40cm的大小，噴點水，再從邊緣開始緊緊捲起，放入冰箱冷藏稍作降溫。

稍微放入冷藏，以利進行後續的切塊作業。

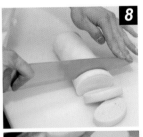

從邊緣開始切成50g塊狀。

法國的
發酵糕點

France

法國風土及歷史孕育出的發酵食品

[圖、文] 旅居巴黎的美食評論家　松浦 惠里子

無論是大都市或鄉鎮，發酵糕點已深植法國人的日常生活

法國最具代表性的發酵食品，如麵包、起司、紅酒皆有長達2000年以上的傳統，即便到了今日，仍與法國人的飲食生活息息相關。這些傳統食品會與當地的風土、歷史以及獨特的加工技術融合，因此被認為是非常具特色的製品。

反映出在地土地風格的食品又名為「風土（Terroir）產物」，這些產品會受到法國1935年導入的AOC制度中，最重要的原產地命名保護制度所保護（現在則有歐盟的AOP、IGP認證）。不過，1960年代起，工廠生產的產品市佔率開始大幅增加，逐漸影響到「風土產物」的存在地位。

發酵食品的魅力，在於每樣產品都能感受到發酵帶來的微妙風味及香氣差異特色。反觀，講究產品均一穩定的工廠製食品就少了那份樂趣。所幸近幾年消費者開始追求「無添加」、「天然」、「本質」，手工發酵食品又重新被賦予價值。

被祝福的「布里歐麵包」

法國發酵糕點中，布里歐麵包是較能反映出各地傳統，讓人充滿玩味的產品。現在大家可見的布里歐麵包據說誕生於16世紀法國西北部的諾曼第地區，其後開始在法國各地流傳開來，並融入當地風土民情，形成各地獨有的布里歐麵包。

布里歐麵包在很多地方又稱為「被祝福的麵包」，與基督教的活動慶典結合發展的軌跡來看，就不難看出布里歐麵包在社會上的重要性。

舉例來說，法國西部旺代省（Vendée）的「旺代布里歐麵包」（brioche vendéenne）是現在在當地結婚典禮宴席上也絕對少不了的糕點，旺代的風俗是人們會扛起單顆重達6㎏~20㎏的布里歐麵包，為新郎新娘獻上祝福。

這款將麵團編成辮子，造型特殊的布里歐

54

麵包師傅 MOF（法國最佳工藝師競賽）資格考試提交的發酵糕點麵包，從傳統糕點到創新糕點都有。最中間的是源自巴黎的巴黎人布里歐（Brioche parisienne），另也名叫 Brioche à tête

南法慶祝 1 月 6 日主顯節（Epiphaneia）的「國王皇冠麵包」（Couronne des Rois）

麵包更在 2011 年以「Brioche vendéenne tranchée」之名，列入 IGP（產區保護認證）名單。

南法的「國王皇冠麵包」（Couronne des Rois），則是因為與宗教活動相關而廣為人知的布里歐麵包。這款麵包的歷史非常悠久，當地人會在帶有橙花香氣的環形布里歐麵包裝飾上砂糖醃漬過的水果，作為慶祝 1 月 6 日主顯節（Epiphaneia）的糕點。說到主顯節的糕點，大家可能會立刻想到千層酥皮（feuilletée）麵團包入杏仁奶油餡的國王派（Galette des Rois），但其實國王派在以巴黎為中心的法國北部較常見，南法並沒有所謂的國王派。目前國王派在南法地區雖然也逐漸普及，但對於以故鄉文化自豪的在地人來說，用來慶祝主顯節的糕點只有「國王皇冠麵包」，可見南法民眾對其仍相當執著。

咕咕霍夫（Kugelhopf）這種法國阿爾薩斯（Alsace）地區特產的甜點也被歸類為布里歐麵包。咕咕霍夫的由來太過眾說紛紜，這裡就省略不談，但有一點可以確定的是，波蘭、奧地利、德國都有這款糕點。

阿爾薩斯的咕咕霍夫特色是使用了葡萄乾和杏仁，然後還會用櫻桃酒、蘭姆酒來增添香氣。由於高度很高、有點傾斜，還帶有波浪狀，獨特造型讓人一眼就能辨識。

讓人意外的是，巴黎竟然也有不少販售咕咕霍夫的店家。一般來說，巴黎的咕咕霍夫口感較輕盈纖細，但阿爾薩斯道地的咕咕霍夫多半是非常扎實的傳統風味。

■ 巴黎所見的布里歐麵包

巴黎人布里歐（Brioche parisienne）的意思為「巴黎的布里歐麵包」，源自巴黎，有時也會稱為「Brioche à tête」。這款麵包質地纖細、口感輕盈，造型上會將兩個不同大小的圓形麵團上下疊放，偶爾都會看見出爐後疊在上方的小麵團歪掉傾斜的麵包成品。要讓成品全都非常筆直其實很有難度，所以最近出現不少店家把形狀改良，做成單顆圓形並撒上砂糖，以「Brioche sucre」（布里歐修格）之名販售。改良後不僅省時費工，就算是技術還不純熟的麵包師傅（Boulanger）也無須擔心失敗，但我對於源自巴黎的布里歐麵包逐漸消失在店鋪中仍會感到惋惜。

另外，擺上玫瑰果仁糖（praline rose），以前較少見的布里歐麵包反而在巴黎變得普遍。玫瑰果仁糖（將染成紅色的杏仁或榛果裹上糖衣）在烤箱加熱融化後，將布里歐麵包整個染成鮮豔的粉紅色，相當吸睛。

這款布里歐麵包最初是19世紀末，人在阿爾卑斯山脈薩瓦地區（Savoie）的甜點師皮耶・拉布利（Pierre Labully）想出來的，到了今日仍稱之為「聖傑尼布里歐麵包」（Brioche de Saint-Genix）是薩瓦地區的傳統糕點。玫瑰果仁糖本身雖然是里昂特產的糖果，但里昂當地要過了好一陣子，才開始出現這類型的布里歐麵包。自從1955年，位於里昂近郊城市，羅阿納（Roanne）的甜點師 Auguste Pralus 以不同於「聖傑尼」的食譜，製作出名為「Praluline」的粉紅杏仁糖麵包，並以此名取得商標「Praluline®」後，里昂地區也開始出現許多類似的麵包。

M目前在法國銷售的粉紅杏仁糖麵包作法基本上較接近「Praluline®」的食譜，兩者差異在於「聖傑尼」採用自然發酵種，反觀，「Praluline®」是以麵包酵母發酵，因此不具備橙花香氣。

■ 新浪潮 布里歐麵包的發展樣貌

就這樣，以往只出現在特定地區的布里歐麵包開始從巴黎普及到法國各地，這同時還出現了非常多想法新穎的產品。其中又以「布里歐千層」（Brioche Feuilletée）最受歡迎。據說這樣產品是諾曼第地區的布里歐麵包店老闆於2008年所開發，後來在巴黎農業競賽獲獎，便立刻備受關注。巴黎技術較純熟的甜點師和麵包師傅也在2010年代後半開始製作，其後便增加許多有布里歐千層的店家。

「布里歐千層」會先將布里歐麵包的麵團開來，接著放入奶油折疊，所以基本上能同時享受到布里歐和可頌的雙重口感，搭配使用品質地優良的奶油，就能感受到很棒的奶油香氣。

其他還有一些會使用布里歐麵包麵團的法式甜點（Pâtisserie），較常見的包含了「巴巴」和「薩瓦蘭蛋糕」（Savarin）。「巴巴」最常聽見的起源說法，是流亡法國洛林的前波蘭國王斯坦尼斯瓦夫（Stanislaus Leszczyński）請御用糕點師傅製作而成。其後，斯坦尼斯瓦夫的女兒瑪麗（Marie Leszczyński）嫁給法國國王路易十五，便在宮中流傳開來。目前可以確定的是，法王路易十五的甜點師尼可拉（Nicolas Stohrer）在1730年於巴黎蒙特格尤大道（Rue Montorgueil）開了甜點店「史特雷」（Stohrer），店裡售有使用蘭姆酒糖漿「蘭姆巴巴」（Baba au rhum），「巴巴」這道甜點就此廣傳開來。目前「史特雷」還佇立於同個地點，不僅是巴黎歷史最悠久的甜點店，「蘭姆巴巴」更是該店的招牌商品。

「薩瓦蘭蛋糕」以「巴巴」為靈感發展而出的另一項甜點，19世紀巴黎甜點師朱利安（Julien）兄弟修改了巴巴的食譜，拿掉葡萄乾，改以大圓形烤模製作。其後，為了向偉大美食家布里亞・薩瓦蘭（Brillat Savarin）致敬，將其取名為「Brillat Savarin」，即是後來的「薩瓦蘭蛋糕」。

時至今日，法國其實已經不太刻意區分「薩瓦蘭蛋糕」和「巴巴」，只寸有大有小，也不會講究有無葡萄乾，不少店家都統一以「巴巴」之名販售。

法國糕點以往都會使用大量酒類和砂糖，但1980年代起，講究減糖、幾乎不使用酒類的糕點蔚為主流後，人們開始認為「巴巴」這款糕點又老又舊，於是逐漸從許多店鋪的櫥窗消失。大概要等到2010年代才又重現重現江湖，人氣甜點師不斷推出高尚講究的「巴巴」，如今更成了餐廳甜點的常見品項。

■ 另一種發酵糕點，可頌

常與布里歐麵包放在一起討論，法國發

Croissant Bicolore（雙色可頌）及其切面

巴黎糕點店的展示窗整齊排列出一個個布里歐麵包

擺上里約知名糖果「玫瑰果仁糖」的大型巴黎人布里歐（Brioche parisienne）最近在巴黎還蠻常看見的

酵糕點的可頌歷史相對較短。巴黎第一間銷售可頌的店鋪，應該是1837年由奧地利人桑恩（August Zang）開設的「Boulangerie viennoise」。不過，當時的可頌並非使用千層酥皮麵團，而是以加了牛奶的麵包麵團製成。據說要等到1920年代之後，才開始出現大家目前熟悉的可頌。

品嘗原味可頌時，大家反而會認為是在吃麵包，而非發酵糕點。但如果是在杏仁可頌（Croissant aux Amandes）裡加入鮮奶油，就能享受到糕點應有的風味。「杏仁可頌」其實是為了不要浪費賣剩下的可頌所想出的靈感商品。在可頌裡夾入杏仁奶油醬，接著讓可頌吸飽糖漿，放上杏仁片後，再次進烤箱烘烤，出爐後還要撒上糖粉，讓這款非常奢華的產品至今仍保有人氣。

近幾年備受關注的「Croissant Bicolore」（雙色可頌的意思）則是將染色的可頌麵團和一般的可頌麵團重疊捲起，烘烤後外觀會帶有雙色條紋模樣，非常繽紛，所以經常在IG引發討論。有時店家還會在可頌裡填入巧克力、覆盆子果醬和開心果，刻意讓內餡跟條紋顏色一樣。如果看到都會讓人忍不住購買，但也因為非常耗時耗工，價格當然是相當不菲。

以可頌麵團製作的「法式巧克力麵包」

（Pain au chocolat）自古就是法國人非常熟悉的產品，製作時會在麵團放入巧克力條，但如果只放1條巧克力，無法每口都品嘗到巧克力的滋味，吃起來較缺乏滿足感。目前不少店家都會增加數量，改放2條巧克力，甚至有些更大手筆，直接加碼到3條。

「Pain au chocolat」之名會出現在法國北部，南部則稱之為「chocolatine」。無論法國北部還是南部，大家對於自己的鄉土文化都感到非常驕傲，所以應該是不會統一使用名稱吧。巴黎人如果前往南法旅遊，開口說「我要買Pain au chocolat」的話，據說經常被故意回說，「我們沒那種東西」。

法國的發酵糕點在傳統產品回歸及新產品登場的作用下開始活絡起來，巴黎更出現專賣手工布里歐麵包的店鋪，也些店家則標榜自己的產品使用自然發酵種，皆獲得相當好評，讓人期待今後應該會出現更多美味的發酵糕點。

布里歐千層
Brioche Feuilletée

配方

★下述從麵粉到水的配方使用量（奶油除外）皆與
　P58 ～ 64 相同。

	（％）	（g）
麵粉※	100	1000
麵包酵母（生）	4	40
液態酵母	15	150
鹽（伯方之鹽）	2.1	21
精製白糖	12	120
奶油	25	250
加糖蛋黃（加糖20％）	20	200
全蛋	10	100
水（0℃）	15～19	150～190
香草精	1.5	15
柳橙果泥	1.5	15
折疊用奶油	50	500
塗抹用蛋液	適量	

※麵粉：先鋒（昭和產業）600g ＋
　　　　百合花（Lys D'or，日清製粉）400g

步驟

〈基本麵團〉
攪拌（縱型）⋯⋯⋯⋯ L1分 M13分↓奶油5分
揉成溫度⋯⋯⋯⋯⋯⋯ 24～25℃
發酵時間⋯⋯⋯⋯⋯⋯ 30分（室溫）P 12小時（5℃）

冷卻⋯⋯⋯⋯⋯⋯⋯⋯ 60分（-5℃）
包覆⋯⋯⋯⋯⋯⋯⋯⋯ 包入奶油
折疊⋯⋯⋯⋯⋯⋯⋯⋯ 壓成4mm厚，折3折一次
　　　　　　　　　　冷卻（-5℃）
　　　　　　　　　　壓成4mm厚，折3折一次
　　　　　　　　　　冷卻（-5℃）
　　　　　　　　　　壓成4mm厚，折3折一次
分割整型⋯⋯⋯⋯⋯⋯ 4mm厚，5×55cm
　　　　　　　　　　切條狀200g 入模
最後發酵⋯⋯⋯⋯⋯⋯ 90分（28℃ 75％）
烘烤⋯⋯⋯⋯⋯⋯⋯⋯ 塗抹蛋液
　　　　　　　　　　175℃ /210℃ 約25分

　　這是一款衍生自新靈感，在巴黎廣獲好評的折疊造型布里歐麵包。過去曾有段時間，布里歐麵包會添加相當於粉類一半量的奶油，後來大家開始接受奶油量減少、砂糖量增加的配方。這款布里歐麵包奶油用量雖然不多，但麵團間夾入的奶油疊層帶來了脆感。同時又兼具扎實口感，也是相當受客人喜愛的部分。這道食譜的奶油烘焙百分比合計約 75％，算是非常適合作為招牌商品的品項。

　　食譜、製作：安倍竜三（Boulangerie parigot）

烤模 縱長 20cm 寬 9cm 深 5cm

★麵團邊緣剩料勿丟棄，壓進切好的麵團條中。

10

將麵團條折成蛇腹狀，放進抹好奶油的烤模中央，以28℃、75%的條件發酵90分鐘。

11

塗抹蛋液，以上火175℃、下火210℃的烤箱烘烤約25分鐘。

7

再次將麵團壓成4mm厚，折三折。放置-5℃冷凍一晚。

8

隔天，再次將麵團壓成4mm厚，折三折。

9

將麵團壓成4mm厚，切成5×55（200g）的條狀。

布里歐千層

4

為了後續的折疊作業，麵團質地必須非常緊實，所以麵團發酵12小時後要先　平，繼續放置-5℃冷凍冰鎮。

5

將　成5mm厚的麵團，以及敲打後的奶油片對齊擺放，將奶油包起。

6

將麵團壓成4mm厚，折三折。放入5℃冷藏冰鎮。

共通（P59、61、63）

基本麵團

1

將奶油除外的所有材料放入攪拌盆，以低速1分鐘、中低速5分鐘，接著再8分鐘的條件攪拌。

2

麵團成型後，分數次加入奶油。

3

當麵團變得滑順成型，置於室溫30分鐘，排氣後，再放至5℃冰箱冷藏12小時發酵。

普羅旺斯甜甜圈
Bugne Provençale

即便同為油炸糕點，法國各地區的麵團配方、形狀、餡料其實不太一樣，名稱也不盡相同。這裡介紹的是南法普羅旺斯風味甜甜圈。普羅旺斯的甜甜圈又可分成有發酵麵團及無發酵麵團。發酵麵團做成扭轉形狀的話容易變形，所以這裡調整成不會變形的形狀。

食譜、製作：安倍竜三（Boulangerie parigot）

配 方

★下述從麵粉到水的配方使用量（奶油除外）皆與 P58～64 相同。

	（%）	（g）
麵粉※	100	1000
麵包酵母（生）	4	40
液態酵母	15	150
鹽（伯方之鹽）	2.1	21
精製白糖	12	120
奶油	35	350
加糖蛋黃（加糖20%）	20	200
全蛋	10	100
水（0℃）	15～19	150～190
香草精	1.5	15
柳橙果泥	1.5	15
橙花水	3	30
炸油（米油）		適量
糖粉		適量

※麵粉：先鋒（昭和產業）600g ＋
　　　　百合花（Lys D'or，日清製粉）400g

橙花水

步 驟

〈基本麵團〉
攪拌（縱型）	L1分 M13分↓奶油5分
揉成溫度	24～25℃
發酵時間	30分（室溫）P 12小時（5℃）
冷卻	60分(-5℃)
分割整型	3 mm厚，5.5×5.5cm正方形（20～25g）
最後發酵	80～90分（28℃ 75%）
炸油	170℃ 2～3分
最後加工	糖粉

9

將米油加熱至 170℃，放入麵團。剛開始每 20 秒就要翻面，接著拉長至 1 分鐘翻面，依照顏色判斷何時起鍋。

10

瀝掉油分，完全放涼後，均勻撒上大量糖粉。

7

從中間劃刀，將麵團稍微往左右拉開，加大切口。

8

以 28℃、75% 的條件發酵 80 ～ 90 分鐘。

普羅旺斯甜甜圈

4

麵團發酵 12 小時後先　平，繼續放置 -5℃冷凍冰鎮。

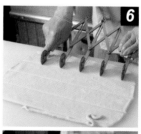

5

壓成 3mm 厚。

6

切成 5.5×5.5cm（相當於 20 ～ 25g）正方形。

共通（P59、61、63）

基本麵團

1

將奶油除外的所有材料放入攪拌盆，以低速 1 分鐘、中低速 5 分鐘，接著再 8 分鐘的條件攪拌。

2

麵團成型後，分數次加入奶油。

3

當麵團變得滑順成型，置於室溫 30 分鐘，排氣後，再放至 5℃ 冰箱冷藏 12 小時發酵。

也可以將方形麵團劃刀，做成扭轉造型。

蜂窩麵包
Nid d'abeilles

　　Nid d'Abeilles 就是蜂窩的意思。或許是因為擺在上面的杏仁片讓人聯想到蜂窩。這是阿爾薩斯（Alsace）的發酵糕點，特色在於上面加熱到焦化，口感非常酥脆的配料，搭配上中間填入的柔軟奶油餡。一般來說，蜂窩麵包都很大片，會切成扇形供應，本店則是做成小尺寸蜂窩麵包。

布烈薩努塔
Tarte Bressane

　　這道是來自法國布雷斯區（Bresse），在布里歐麵包麵團擺上砂糖和奶油後直接進爐烘烤，作法相當簡單的塔餅。布雷斯區附近的佩魯日（Pérouges）其實也有跟布烈薩努塔很像的塔餅，但名稱完全不同。布烈薩努塔的由來眾說紛紜，當地最常見的是直徑超過 25cm 的大型尺寸，但我店裡刻意改良成輕巧好拿取的小尺寸。基本材料是砂糖和奶油，但如果當天沒賣完，我隔天還會加工成咖啡口味，也相當受客人好評。順帶一提，布烈薩努塔也會稱為「Galette Bressane」或「Galette au Sucre」。

食譜、製作：左右皆為安倍竜三
（Boulangerie parigot）

烤模 直徑 9cm 深 1cm

烤模 直徑 12cm 淺盤

步 驟		配 方

〈基本麵團〉
攪拌（縱型）·············· L1分 M13分↓奶油5分
揉成溫度·················· 24～25℃
發酵時間·················· 30分（室溫）P 12小時（5℃）

【布烈薩努塔】
分割揉圓·················· 50g
醒麵······················ 1小時（30℃）→ 2小時（25℃）
整型······················ 直徑10cm 入模
最後發酵·················· 100分（28℃ 75%）
烘烤······················ 塗抹蛋液 奶油 砂糖
　　　　　　　　　　　200℃/220℃ 5分 → 195℃/220℃ 10分
最後加工·················· 柑曼怡

【蜂窩麵包】
分割揉圓·················· 35g
醒麵······················ 1小時（30℃）→ 2小時（25℃）
整型······················ 入模 佛羅倫提娜杏仁脆餅
最後發酵·················· 70分（28℃ 75%）
烘烤······················ 190℃/220℃ 15分
最後加工·················· 奶油醬、糖粉

★下述從麵粉到水的配方使用量（奶油除外）皆與 P58 ～ 64
　相同。

	（%）	（g）
麵粉※ ································	100	1000
麵包酵母（生）····················	4	40
液態酵母 ··························	15	150
鹽（伯方之鹽）····················	2.1	21
精製白糖 ··························	12	120
奶油 ······························	40	400
加糖蛋黃（加糖20%）··············	20	200
全蛋 ······························	10	100
水（0℃）··························	15～19	150～190

※麵粉：先鋒（昭和產業）600g +
　　　　百合花（Lys D'or，日清製粉）400g

追加配方
● 布烈薩努塔
塗抹用蛋液 ······························適量
奶油 ································15g/個
精製白糖 ·······························7g/個
柑曼怡 ································適量

追加配方
● 蜂窩麵包
佛羅倫提娜杏仁脆餅 ······················18g/個
奶油醬 ·································35g/個
糖粉 ···································適量
■ 佛羅倫提娜杏仁脆餅（7個分）
奶油 ···································25g
精製白糖 ·······························12.5g
水飴 ···································12.5 g
蜂蜜 ···································15g
鮮奶油 ·································25g
杏仁片 ·································40g
胡桃 ····································4g
夏威夷豆 ································4g

① 奶油融化，加入精製白糖、水飴、蜂蜜、鮮奶油，煮至
　沸騰。
②加入堅果類，再次煮沸，變黏稠後即可關火。可存放3
　天左右。

■蜂窩麵包用奶油醬（1個分）
卡士達醬 ·······························15g
奶油 ···································15g
糖粉 ····································5 g
香草精 ·································適量
檸檬汁（依個人喜好）····················適量

將奶油除外的所有材料放入攪拌盆，以低速 1 分鐘、中低速 5 分鐘，接著再 8 分鐘的條件攪拌。

共通（P59、61、63）

基本麵團

麵團成型後，分數次加入奶油。

當麵團變得滑順成型，置於室溫 30 分鐘，排氣後，再放至 5℃ 冰箱冷藏 12 小時發酵。

蜂窩麵包 | 布烈薩努塔

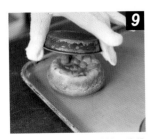

出爐後，將烤模整個倒扣，當佛羅倫提娜杏仁脆餅也能脫落的話，就可完成脫模作業。

將麵團分割成 35g 並揉圓。靜置 30℃ 的環境 1 小時，接著再靜置 25℃ 的環境 2 小時。

以上火 200℃、下火 220℃ 的烤箱烘烤 5、6 分鐘後，將上火降至 195℃，繼續烘烤 15 分鐘。

將麵團分割成 50g 並揉圓。靜置 3℃ 的環境 1 小時，接著再靜置 25℃ 的環境 2 小時。

★若佛羅倫提娜杏仁脆餅烘烤程度不夠，可先脫模，再進爐稍微補烤。

在直徑約 9cm、深 1cm 的烤模放入 18g 的佛羅倫提娜杏仁脆餅。

出爐後，立刻塗抹大量柑曼怡使其吸收。稍作靜置，讓奶油、柑曼怡等水分均勻擴散至糕體。

成直徑 10cm 左右的形狀，放入烤模。用手指按壓，避免麵團中間太厚。接著以 28℃、75% 的條件發酵 100 分鐘。

充分靜置後，將麵包深深橫切一刀。

將麵團壓平，放入烤模，稍微施力按壓，讓麵團跟佛羅倫提娜杏仁脆餅貼合。

塗抹全蛋，每個放上 15g 的奶油塊，再撒上 7g 精製白糖。

每個麵包填入 35g 奶油醬。

以 28℃、75% 的條件發酵 70 分鐘。

撒上糖粉。

以上火 190℃、下火 220℃ 的烤箱烘烤 15 分鐘。

佩魯日烤餅
Galette
Pérougienne

紅果仁糖布里歐
Brioche
Praline Rouge

這是由法國東部安省佩魯日的飯店老闆想出的食譜。以往的作法是會將檸檬皮混入發酵麵團中，但這裡改撒在麵團表面。烘烤後，裡頭口感蓬鬆，表面砂糖和奶油則變得酥脆。

紅色果仁糖經烘烤融出顏色，為布里歐麵包增添繽紛色彩，是能享受到堅果、膏狀砂糖口感的一道糕點。

食譜、製作：左右皆為
近藤敦志（辻調理師專門學校）

再次啟動攪拌機，充分揉製。當麵團可以像圖片一樣拉成薄膜狀，即可停止攪拌。

放置室溫 60～90 分鐘進行發酵。

麵團排氣後，置於 2～5℃冰箱冷藏一晚（15～18 小時），要蓋上塑膠袋避免乾掉。

↓ 18 小時後

基本麵團

將奶油以外的所有材料放入攪拌盆，啟動攪拌。

當麵團成型，不會沾黏攪拌盆內側時，就能加入奶油。

★加入奶油前，先確認麵團內部溫度是否介於 20～24℃，若溫度太高，則要將攪拌盆下方浸泡於冰水內，讓麵團溫度下降。

★將奶油敲打變軟。如果是冰奶油，則要能夠手指能輕鬆插入的軟度。

紅果仁糖
praline rouge
一種在杏仁裹上糖衣的糖果。rouge 是紅色的意思。雖然是里昂的名產，但在巴黎等其他地方也很常見。有些還會搭配使用各種香料、色素，所以色彩和風味都相當繽紛。

配 方

★P65～69 的麵團配方皆相同。

〈基本麵團〉

	（%）	（g）
麵粉※	100	1000
麵包酵母（生）	4	40
鹽	2	20
精製白糖	12	120
奶油	60	600
全蛋	60	600
牛奶	10	100

※麵粉：百合花（Lys D'or，日清製粉）

追加配方

● 紅果仁糖布里歐（每200g麵團）
　紅果仁糖（切丁）...............................100g

追加配方

● 佩魯日烤餅
　直徑30cm（每400g麵團）
　奶油.......................................40g
　精製白糖.....................................40g
　檸檬表皮（磨泥）.............................1/2顆分

步 驟

〈基本麵團〉

攪拌	L2分 ML2分 M4分↓奶油 ML2分 M5分
揉成溫度	24℃
發酵時間	60～90分（室溫）
	排氣後15～18小時（2～5℃）

【紅果仁糖布里歐】

分割	200g（無需揉圓，直接整型）
醒麵	0分
整型	球形
最後發酵	60分～（28℃）
烘烤	160℃/150℃ 35分

【佩魯日烤餅】

分割	400g
醒麵	15分
整型	直徑30cm
最後發酵	30分～（28℃）
烘烤	奶油 砂糖 檸檬皮
	240℃/240℃ 10分

佩魯日烤餅	紅果仁糖布里歐

撒入奶油塊,再整個撒上精製白糖及檸檬皮。

以上火 240℃、下火 240℃ 的烤箱烘烤 10 分鐘左右。過程中如果麵團膨脹,需用刀尖排出空氣。

出爐成品。

將發酵一晚的麵團分割成 400g。進行醒麵作業。

推成直徑 30cm 的圓形,周圍用手指做出邊緣。

發酵 30 分鐘左右。

將麵團對角拉至中間交疊後,翻面,整成圓形。

發酵 60 分鐘左右。

以上火 160℃、下火 150℃ 的烤箱烘烤 35 分鐘。

將發酵一晚的麵團分割成 200g。無需揉圓,直接 成 20×20cm 的正方形。

中間擺上切碎的果仁糖,將四個邊角往中間集中包起。

用 麵棍按壓,將果仁糖壓進麵團裡, 成長方形。

將麵團折三折,再 成正方形。

聖托佩塔
Tarte Tropézienne

這是南法聖托佩（Saint Tropez）一間糕點店老闆依照奶奶的食譜所想出的品項。1955 年來此拍攝電影的法國女星碧姬芭杜（Brigitte Bardot）非常喜愛，之後就在法國打開知名度。

食譜、製作：近藤敦志（辻調理師專門學校）

配方

★ P65～69 的麵團配方皆相同。

〈基本麵團〉

	(%)	(g)
麵粉※	100	1000
麵包酵母（生）	4	40
鹽	2	20
精製白糖	12	120
奶油	60	600
全蛋	60	600
牛奶	10	100

※麵粉：百合花（Lys D'or，日清製粉）

追加配方

● 聖托佩塔 直徑18cm×2個
（麵團300g×2組所需用量）

塗抹用蛋液	適量
糖塊	適量

■ 外交官奶油（Crème Diplomate）

卡士達奶油醬	350g
鮮奶油（40%）	200g

※鮮奶油要先打發

■ 卡士達奶油醬（容易製作的分量）

牛奶	250g
加糖蛋黃（加糖20%）	75g
精製白糖	60g
低筋麵粉	25g
香草莢	1/4支
奶油	25g
吉利丁片	2g
橙花水	3g

■ 柳橙糖漿（imbibage）

水	120g
精製白糖	60g
橙花水	12g

環狀模　直徑 18cm

68

出爐後，拿掉環狀模，放涼。

充分放涼後，從側面入刀，水平切成上下兩塊。

分別在上下糕體的切面用毛刷塗抹糖漿。

在下糕體表面擠入外交官奶油。

將上糕體擺回，置於冰箱降溫（沒放涼會不好切塊）。

聖托佩塔

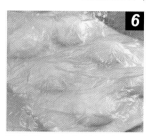

將發酵一晚的麵團分割成300g。進行醒麵作業。

推成直徑18cm的圓形，放入環狀模。

發酵60分鐘左右。

表面塗抹蛋液，撒上糖塊。

以上火200℃、下火190℃的烤箱烘烤15分鐘。

步驟

〈基本麵團〉

攪拌	L2分 ML2分 M4分↓奶油 ML2分 M5分
揉成溫度	24℃
發酵時間	60〜90分(室溫)
	排氣後15〜18小時（2〜5℃）
分割	300g
醒麵	15分
整型	直徑18cm環狀模
最後發酵	60分〜（28℃）
烘烤	塗抹蛋液 糖塊 200℃/190℃ 15分
最後加工	糖漿 外交官奶油

共通（P66、69）

基本麵團

1

將奶油以外的所有材料放入攪拌盆，啟動攪拌。

2

當麵團成型，不會沾黏攪拌盆內側時，就能加入奶油。

★加入奶油前，先確認麵團內部溫度是否介於20〜24℃，若溫度太高，則要將攪拌盆下方浸泡於冰水內，讓麵團溫度下降。

★將奶油敲打變軟。如果是冰奶油，則要能夠手指能輕鬆插入的軟度。

3

再次啟動攪拌機，充分揉製。當麵團可以像圖片一樣拉成薄膜狀，即可停止攪拌。

4

放置室溫60〜90分鐘進行發酵。

5

麵團排氣後，置於2〜5℃冰箱冷藏一晚（15〜18小時），要蓋上塑膠袋避免乾掉。

↓

18小時後

奶油夾心麵包
Pain à la Crème

配方

布里歐麵包麵團	(g)
麵粉※	1000
冷凍半乾酵母	12
鹽	20
精製白糖	120
奶油	600
蛋黃	100
全蛋	500
牛奶	200
塗抹用蛋液	適量
雙目糖	適量

※麵粉：Qualität（昭和產業）70%＋
　　　　Selvaggio Farina Forte 麵粉（日清製粉）30%

★有添加 IBIS AZUR 藍師傅麵包改良劑（對粉比例為 1%），避免麵團凍壞。

我認為，既然是法式糕點店，當然就要同時供應維也納麵包（Viennoiserie）和一般麵包，所以包含餐用麵包，店內基本上都會烘烤約莫 30 種的品項。然而，布里歐麵包中，有個小圓頭造型的 Brioche à tête 卻一直打不開知名度，於是我靈機一動，想說可以像聖托佩塔一樣，夾入卡士達醬，自此就變得非常受歡迎。形狀雖然不是 Brioche à tête 的小圓頭造型，但混入奶油的卡士達醬相當濃郁，與麵包體變得更加協調。

食譜、製作：高野幸一（法式糕點 Archaique）

追加配合

● 布里歐麵包（每40g麵團）
ⓐ
卡士達醬 ⋯⋯⋯⋯⋯⋯⋯⋯⋯⋯⋯30g
奶油 ⋯⋯⋯⋯⋯⋯⋯⋯⋯⋯⋯⋯ 9g

將打成泥狀的奶油加入回溫的卡士達醬，充分拌勻備用。

■卡士達醬

牛奶	1000mℓ
香草莢	1支
蛋黃	10顆分
精製白糖	250g
麵粉	100g
有鹽奶油	100g

※※麵粉：Chanteur（日東富士製粉）

烤模 開口直徑 7cm 底部直徑 4cm 深 2cm

1

將奶油除外的所有材料放入攪拌盆，以1速3分鐘、2速15分鐘攪拌，麵團成型後，分數次加入奶油，如果麵團太硬可以補水。最後再以3速攪拌1～2分鐘。

2

揉好後的溫度必須介於25～26℃，所以準備使用的材料和器具也要下點功夫，麵團成型後，先放置室溫30分鐘，接著再冰箱冷藏60分鐘。

3

將冷藏60分鐘的麵團拍打恢復，使整體溫度均勻。接著反覆冷藏1小時、排氣、冷藏1小時、排氣的步驟，完成後放置冷藏一晚。隔天，分割成80g，並將麵團球放入冷凍。

4

於前一晚將80g的麵團球拿下來冷藏解凍，製作當天再分成40g。

5

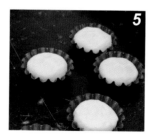

重新揉圓，放入烤模，發酵90分鐘（38℃ 80%）。

6

從發酵箱取出，上面塗抹蛋液，畫出十字切痕，撒上雙目糖。

7

先將烤盤放入上火210℃、下火200℃的烤箱預熱。接著將步驟6的烤模一個個擺入，烘烤10～11分鐘。

8

脫模，切成上下兩塊，中間擠入ⓐ。

薩瓦蘭蛋糕
Savarin

食譜、製作：島田　徹（Patissier Shima）

　烤成甜甜圈形狀，再擠上鮮奶油的薩瓦蘭蛋糕原本是巴黎一對糕點職人兄弟檔想出的獨創食譜，如今已是巴黎市民認可的傳統糕點。由於巴黎濕度比日本低，將質地偏乾的糕體浸泡液體的作法，才是真正的法式作風呢。步驟中再加上發酵，以及日法差異極大的粉類和乳製品，光是一個品項也有非常多必須學習的呢。

配　方	
〈薩瓦蘭蛋糕麵糊〉	（g）
麵粉※	300
麵包酵母（生）	5
乾酵母	5
鹽（葛宏德鹽）	9
精製白糖	21
奶油	135
全蛋	6個
牛奶	30
水	20
杏桃果醬	適量
藍莓	適量
覆盆子	適量

〈裝飾〉
杏仁片、白巧克力、金箔等 ⋯⋯⋯⋯隨意

※麵粉：山茶花（日清製粉）

〈香緹鮮奶油〉	
鮮奶油（乳脂肪含量42%）	100g
精製白糖（細顆粒）	10g
香草莢	1支

〈糖漿〉	
水	1000mℓ
精製白糖	500g
ⓐ 八角	1個
香草	1/2支
柳橙皮	削2片
薄荷	適量
柑曼怡	100g

①將水煮滾，讓砂糖融化。
②放入所有的ⓐ項目，烹煮1分鐘，再用濾網過濾。

烤模 直徑 6cm 高 2cm ／成品 直徑 8cm 糕體高 4.5cm

1 將鹽、砂糖放入攪拌盆後，在上面加入粉類、麵包酵母（生），接著再加入用配方裡的水溶解開的乾酵母。

★「Patissier Shima」基本上都是使用麵包酵母（生），有時則會搭配乾酵母提升發酵力。

2 啟動低速攪拌，加入雞蛋。粉類與水分拌勻後，切換成中～中高速，攪拌時要避免溫度升高。

3 當麵糊已經可以脫離攪拌盆內側，逐漸成型時，便可少量逐次加入牛奶。

4 麵糊繼續攪拌成乳霜狀後，加入奶油。當攪拌時，盆內開始發出啪、啪、啪的聲音時即可停止。

5 將麵糊倒至料理盆，蓋上保鮮膜，以 28 ～ 30℃、80% 的條件發酵 30 分鐘。

↓ 30 分鐘後

6 發酵後，在盆內排氣。

7 麵糊很軟，建議倒入擠花袋，在每個烤模擠入 30g 的麵糊。手指沾濕，將表面推平。以 28 ～ 30℃、80% 的條件發酵 40 分鐘。

8 先放入上火 200℃、下火 200℃ 的烤箱，過個 5 分鐘後，將上下火分別降至 180℃，繼續烘烤 7 ～ 10 分鐘。

9 脫模後，再以 150℃的旋風烤箱乾燥 10 ～ 15 分鐘。如此一來才能長時間存放。

10 將烤乾的薩瓦蘭糕體浸泡在加熱至 80℃的糖漿中，讓整體吸附汁液。如糖漿溫度太低，糕體會吸收不了汁液，太高則會使糕體溶掉，所以溫度上要特別留意。

11 從糖漿取出，放涼到不燙手後，塗上杏桃果醬，放冷藏冰一晚，使表面變硬。

12 用湯匙挖空糕體中間的底部，放入藍莓、覆盆子，再擠上兩圈香緹鮮奶油。最後擺放杏仁片、白巧克力、金箔裝飾。

阿爾薩斯咕咕霍夫
Kougelhopf Alsacien

配方	
〈布里歐麵包麵團〉	(g)
麵粉※	250
麵包酵母（生）	10
鹽（葛宏德鹽）	5
精製白糖	35
奶油	125
全蛋	3個
蘇丹娜葡萄乾	適量
糖粉	適量
澄清奶油	適量
蘭姆酒糖漿	適量
〈蘭姆酒糖漿〉	
精製白糖	300g
水	300g
蘭姆酒	10g

※麵粉：山茶花（日清製粉）

這是源自阿爾薩斯地區，以獨特烤模烘烤製成的發酵糕點。本店在父親經營時並無這道糕點，但我在巴黎與皮耶 艾曼（Pierre Herme）的食譜相遇後非常感動，心想「我自己也想吃，一定要在日本推廣看看」，於是開始製作這道糕點。此食譜的關鍵在於最後要浸泡糖漿。考量要能給小孩品嚐，店內亦有提供無添加蘭姆酒的阿爾薩斯咕咕霍夫。

食譜、製作：島田 徹（Patissier Shima）

咕咕霍夫烤模 小（內側）底部直徑 7cm 高 3.5cm ／大（內側）底部直徑 14cm 高 8.5cm

以180℃烤箱烘烤15分鐘。

出爐後,脫模,浸泡入澄清奶油中。

浸泡蘭姆酒糖漿。

放涼至不燙手後,撒上糖粉。

用手指在揉圓的麵團中央搓洞,整型後放入模具。以28℃、80%的條件發酵2小時。

【大烤模用】

取出麵團,包覆保鮮膜,放置5℃冰箱冷藏一晚,使其發酵。

隔天,將麵團分割成45g(大烤模則是300g),中間包入蘇丹娜葡萄乾(適量)。

【大烤模用】

將鹽、砂糖放入攪拌盆後,在上面加入粉類、麵包酵母(生)。

邊加入雞蛋,邊以低速攪拌。麵團成型後,加入攪拌成乳霜狀的奶油。

繼續將麵團攪拌至成型,開始出現麵團碰撞盆壁的聲音時,就表示麵團差不多製作完成。

咕咕霍夫
Kouglof

薩瓦蘭
Savarin

　　我精心想出的布里歐麵團食譜也曾拿去參加各種賽事及「iba Cup」這類世界大賽，所以對這道食譜非常有感情。這道糕點雖然是使用咕咕霍夫烤模，但兼具布里歐麵團的特性，再加上出爐後塗抹了融化奶油，所以過了三天質地還是相當濕潤。

　　當我自己出來開店時，就決定要想個適合日本人的布里歐麵包食譜。布里歐是我自己也很喜歡的麵包，所以會希望透過比甜麵包更優質的麵團做出差異。1號店的店鋪概念是以法國為主軸，當時就有想到，可以用布里歐的麵團來製作薩瓦蘭和咕咕霍夫。我也非常欣慰，這些商品從開店至今仍深受顧客喜愛。

　　薩瓦蘭最重要的部分，在於糕體所吸附的糖漿用量。讓糕體吸滿鋁箔杯還能支撐住的糖漿量，就是最美味的薩瓦蘭。

食譜、製作：左右皆為 井上克哉
（La tavola di Auvergne）

咕咕霍夫烤模 直徑 14cm 高 6cm

鋁箔杯 直徑 5.5cm 高 3cm

步驟

〈中種〉
攪拌························· L3分 M3分
揉成溫度··················· 25℃
發酵時間··················· 4小時（28℃ 80%）

〈主麵團〉
攪拌························· L3分 M3分↓奶油（分3次）·砂糖 M8分
　　　　　　　　　　　↓葡萄乾
揉成溫度··················· 25℃
發酵時間··················· 1小時（28℃ 80%）

【薩瓦蘭】
分割························· 65g
冷藏························· 冰鎮（0℃）
整型························· 鋁箔杯
最後發酵··················· 約80分（28℃ 80%）
烘烤························· 180℃ / 200℃ 20分
最後加工··················· 糖漿 鮮奶油

【咕咕霍夫】
分割························· 220g
冷藏························· 冰鎮（0℃）
整型························· 入模
最後發酵··················· 約80分（28℃ 80%）
烘烤························· 180℃ / 200℃ 25分
最後加工··················· 融化奶油

配方

布里歐麵包麵團（70%中種法）　　　　　（%）
〈中種〉
麵粉※····································· 70
速發乾酵母（金裝）······················· 1.2
Euromalt麥芽精··························· 0.5
鹽·· 0.2
脫脂奶粉·································· 3
奶油······································ 20
蛋黃······································ 20
全蛋······································ 30
優格······································ 5

※麵粉：特級國王（Super King，日清製粉）

〈主麵團〉
麵粉※※··································· 30
鹽·· 1
上白糖···································· 25
奶油······································ 30
全蛋······································ 25

蘇丹娜葡萄乾······························ 30

※※麵粉：山茶花（日清製粉）

追加配合
● 薩瓦蘭
　薩瓦蘭糖漿·························· 適量
　鮮奶油····························· 適量

■薩瓦蘭糖漿
　水·································· 1000g
　精製白糖···························· 500g
　蘭姆酒····························· 100g

將水和砂糖煮滾，放到不燙手後，加入蘭姆酒混合並放涼。

追加配合
● 咕咕霍夫
　融化奶油··························· 適量

以上火 180℃、下火 200℃的烤箱烘烤約 20 分鐘。

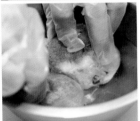

放涼不燙手後，斜切劃入刀痕，浸泡在薩瓦蘭糖漿中，接著擠入可常溫放置的鮮奶油。

從攪拌盆取出麵團，發酵 1 小時。

將薩瓦蘭要用的麵團分割成 65g，稍微放置冷藏，讓麵團降溫。

冰鎮過的麵團揉圓後，立刻放入較硬的鋁箔杯中。

★如果鋁箔杯質地不夠硬，將無法支撐住糖漿的重量。

進行 80 分鐘的最後發酵。

將蘇丹娜葡萄乾加入攪拌盆，混合均勻。

中種

混合中種的所有材料，啟動攪拌。發酵 4 小時後，分割成大塊。

主麵團

先將粉類、鹽、雞蛋放入攪拌盆拌勻，接著加入中種麵團，以低速 3 分鐘、中速 3 分鐘揉製。

接著，分 3 次加入奶油，期間再繼續捏製 8 分鐘。在第 2 次加入奶油的時候倒入全部砂糖。

完成布里歐麵包麵團。

咕咕霍夫

以上火 180℃、下火 220℃ 的
烤箱烘烤約 25 分鐘。

出爐後,脫模,整個均勻塗抹
融化奶油。

在咕咕霍夫的烤模中放入碾碎
的生杏仁,接著放入麵團。

↓ 80 分鐘後

進行 80 分鐘的最後發酵。

從攪拌盆取出麵團,發酵 1 小
時。

將咕咕霍夫要用的麵團分割成
220g,稍微放置冷藏,讓麵團
降溫。

將冰鎮過的麵團重新揉圓,中
間用手指挖洞,整型成環狀。

洋梨聖誕麵包
Berawecka

這是阿爾薩斯地區在聖誕季節絕對少不了的傳統發酵糕點。Berawecka 在阿爾薩斯語是指「西洋梨麵包」的意思。將西洋梨乾燥後，連同其他果乾一起浸泡在香料酒中，接著再與堅果類拌入麵包麵團並加以整型。DONQ 自 1996 年開始販售洋梨聖誕麵包，當時以技術指導之名招聘了幾位法籍主廚，使用了他們的食譜，後來還加入一些 DONQ 自己的靈感情懷，所以算是複合型配方。

食譜、製作：佐藤広樹（DONQ）

配　方	
〈發酵麵團〉	（g）
麵粉※	200
麵包酵母（生）	6
牛奶	200
〈水果、堅果〉	
ⓐ 半乾西洋梨	450
半乾棗子	200
半乾無花果	200
半乾杏桃	150
帶皮杏仁（整顆 已熟）	25
胡桃（已熟）	250
杏仁條（已熟）	100
蘇丹娜葡萄乾	200
〈香料〉	
ⓑ 白胡椒	1
丁香	0.5
肉桂粉	10
茴香粉	4
精製白糖	125
櫻桃酒	200
鹽	2.5
〈裝飾〉	
八角、櫻桃乾、胡桃、帶皮杏仁等	隨意

■糖漿：取135g：100g 比例的砂糖及水，放入鍋中煮沸並放涼。
■阿拉伯膠：取20g：100g 比例的阿拉伯膠及水，放入鍋中煮沸並過濾。
※麵粉：Terroir pur 麵粉（日清製粉）

步　驟	
攪拌	手揉
揉成溫度	24℃
發酵時間	2.5小時（27℃ 75%）
攪拌（縱型）	發酵麵團與水果。L2～3分
分割、整型	350g。18cm圓條狀、裝飾
最後發酵	60分（32℃75%）
烘烤	上火160℃／下火150℃ 30分
	→下火降至140℃，繼續烘烤30分
最後加工	糖漿　阿拉伯膠

準備作業

① 將ⓐ剁碎，加入杏仁條、蘇丹娜葡萄乾、香料、鹽，充份拌勻。

② 加入櫻桃酒，攪拌後，用保鮮膜緊緊包覆，放置一晚。

主麵團

1

用牛奶溶解麵包酵母，接著加入粉類拌勻，製成麵團。

2

麵團充分拌勻成型後，使其發酵。

↓ 3 小時後

2.5～3 小時會發酵至這個程度。這款麵團發酵雖然不會變得很大，但如果麵團沒有發酵，就無法跟果乾、堅果結合。

3

將準備作業步驟的 **2**，以及發酵好的麵團 2 放入攪拌盆，攪拌 2～3 分鐘。

★攪拌時間太長會碾碎水果，太短的話則會不夠均勻，變得不像洋梨聖誕麵包。麵團用量太多的話，則會變得很像麵包。

4

擺上工作台，分割成適當大小。未硬性規定重量（這裡是設定 350g）。裡頭若殘留空氣會使糕體裂開，需多加留意。只要揉圓後稍作靜置，就能排除多餘空氣。

5

捏成 18cm 長的圓條狀。

6

放至鋪有 silpat 烤墊的烤盤上。用按壓的方式，將八角等喜愛的材料壓入麵團作裝飾。

7

發酵 1 小時，但外表不會有太大差異。觸摸發現麵團變鬆弛的話，即代表發酵完成。

8

以上火 160℃、下火 150℃的烤箱烘烤約 30 分鐘。接著將下火將至 140℃，繼續烘烤 30 分鐘。期間若發現底部可能會烤焦，建議在下面多疊一塊烤盤，或是將下火再降個 10℃。

9

出爐後，立刻塗抹糖漿，再次放進烤箱烘個 2～3 分鐘。

10

再次出爐後，塗抹阿拉伯膠，增添亮澤度。擺放至隔天，糕體上的材料會確實貼合，整體結構也會更扎實。

洋梨聖誕麵包
Berawecka

配方	200g 6條分

〈發酵麵團〉	（g）
麵粉※	50
麵包酵母（生）	2.5
鹽	1
精製白糖	5
水	40

〈水果等材料〉

ⓐ
半乾西洋梨	200
半乾蘋果	100
半乾無花果	100
半乾棗子	100
半乾杏桃	100
柳橙皮（5mm塊狀）	50
香櫞皮（5mm塊狀）	50
糖漬櫻桃（紅）	25
糖漬歐白芷	25
蘇丹娜葡萄乾	125

〈水果、堅果〉

ⓑ
黑胡椒（磨粗粒）	1
四香粉	2.5
肉桂粉	5
茴香粉	4
精製白糖	50
櫻桃酒	100

ⓒ
杏仁（已熟 剁碎）	75
胡桃（剁成1cm塊狀）	75

〈裝飾〉
杏仁、胡桃、糖漬櫻桃、糖漬歐白芷等	隨意

※麵粉：百合花（Lys D'or，日清製粉）

除了阿爾薩斯地區，據說在法國其他地方幾乎看不到洋梨聖誕麵包，但其實德國、奧地利，瑞士和義大利某些地區聽說也有吃洋梨聖誕麵包的習慣。就我在實際所見，當地人似乎不會使用整塊的麵包麵團，而是在剩餘的麵團大手筆擺放許多果乾。洋梨聖誕麵包不僅保存期限長，還能享受每天風味上的變化。

食譜、製作：近藤敦志（辻調理師專門學校）

擺上裝飾，室溫下發酵 30 ～ 40 分鐘。

以上火 160℃、下火 150℃ 的烤箱烘烤約 50 分鐘。

麵團稍微成型後，再用兩片刮板從左右、上方按壓麵團，使其更緊實。繼續靜置一晚。

將ⓒ的堅果加入步驟❶的果乾中，拌勻。

加入步驟❷的麵包麵團中，仔細混合，讓果乾、堅果與麵團充分結合。

混合後，直接放置 20 ～ 30 分鐘。

在 silpat 烤墊上將麵團細分成 200g，並直接用刮板整型成長度約 20cm 的條狀。

步驟

攪拌1	手揉
揉成溫度	26℃
發酵時間	30～40分（28℃）
攪拌2	手揉
發酵時間	20～30分（28℃）
分割	200g
整型	條狀
最後發酵	30～40分（室溫）
烘烤	160℃/150℃ 50分

①黑胡椒
②茴香粉
③四香粉
④肉桂粉

①糖漬櫻桃
②半乾無花果
③糖漬歐白芷
④香橼皮
⑤柳橙皮
⑥蘇丹娜葡萄乾
⑦半乾棗子
⑧半乾蘋果
⑨半乾西洋梨
⑩半乾杏桃

主麵團

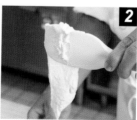

用配方裡的水溶解麵包酵母，接著加入其他材料，混合均勻，置於室溫 30 ～ 40 分鐘使其發酵。

★這裡的麵包麵團其實算是扮演著黏著劑的角色，所以也可以使用其他麵包剩餘的麵團。

準備作業

將水果類ⓐ切成 0.5 ～ 1cm 的塊狀，於前一晚開始常溫浸泡在ⓑ的混合汁液中。

法式巧克力麵包
Pain au Chocolat

在四角形的可頌麵團中，捲入巧克力條的甜麵包是最常見的發酵糕點。過去日本常見的可頌折疊數為 3×3×3=27 層，但實際造訪法國後，發現多半為 4×4=16 層。2001 年我以 4×3 的折疊數參加巴黎比賽並獲獎，自此之後便以此折疊數製作店內的巧克力麵包。折疊數少反而能更凸顯出奶油香氣，麵包表面則會相當酥脆，但還是會面臨擺放一段時間後，變得缺乏彈性的難題。對此，我是特別增加了 12% 的糖分用量。

食譜、製作：安倍竜三（Boulangerie parigot）

配 方

〈可頌麵團〉	（%）	（g）
麵粉※	100	1000
麵包酵母（生）	3.6	36
液態酵母	15	150
麥芽水※※	0.8	8
鹽（伯方之鹽）	2.1	21
精製白糖	12	120
脫脂奶粉	7	70
奶油	2	20
米油	1	10
加糖蛋黃（加糖20%）	3	30
水	36〜	360〜
折疊用奶油	50	500

追加配合

巧克力條	2條／個
塗抹用蛋液	適量

※麵粉：百合花（Lys D'or，日清製粉）700g+
　　　先鋒（昭和產業）300g
※※麥芽水：Euromalt麥芽精2倍稀釋液

步 驟

攪拌（縱型）	L2分 M2〜3分
揉成溫度	24〜25℃
發酵時間	40〜50分（室溫）
冷卻	3小時（-5℃）
包覆	包入奶油
折疊	壓成4mm厚，折4折一次
冷卻	-5℃ 一晚
	壓成4mm厚，折3折一次
分割整型	展延成2.5mm厚
	10×5cm 55g
	包入2條巧克力 捲起
最後發酵	90〜120分（30℃ 70%）
烘烤	210℃/200℃ 7分 →
	200℃/200℃ 7分

法式巧克力麵包

將麵團壓成 2.5mm 厚，切掉不整齊的邊角。

接著切成 10×5cm（約莫 55g），包起 1 條巧克力後，繼續第 2 條巧克力。

封口朝下，稍微施力按壓，以 30℃、70% 的條件發酵 90～120 分鐘。

塗抹蛋液，以上火 210℃、下火 200℃的烤箱烘烤 7 分鐘後，將上火降至 200℃，繼續烘烤 7 分鐘。

將麵團壓成 4mm 厚，折四折，放置 -5℃冷凍一晚。

隔天，再將麵團壓成 4mm 厚，折三折。

完成可頌麵團

重新揉勻麵團，放置 -5℃冷凍冰鎮 3 小時。

將麵團　成 5mm 厚，寬 40cm 左右的大小，包入敲打過的奶油片。將麵團從左右兩側朝中間折起，上下則是捏合住，避免奶油流出即可。

從上輕敲麵團，讓麵團與奶油結合。

可頌麵團

將液體材料（液態酵母、麥芽水、蛋黃、水）混在一起，過程中要控制溫度。

將麵粉、麵包酵母、鹽、砂糖、脫脂奶粉加入攪拌盆，接著同時倒入步驟 1 的液體材料和油脂（奶油、米油），啟動攪拌。

↓ 40 分鐘後

揉製完成後，取出麵團，稍微整型，繼續放置室溫發酵 40 分鐘。

杏仁可頌
Croissant aux Amandes

配 方		
〈可頌麵團〉	（%）	（g）
麵粉※	100	1500
冷凍半乾酵母	1.2	18
鹽	2	30
精製白糖	12	180
奶油	5	75
全蛋	8	120
牛奶	42	630
水	8	120
折疊用奶油	55	825

※ 麵粉：ble du A（昭和產業）70%+
　　Selvaggio Farina Forte 麵粉（日清製粉）30%

★ 有添加 IBIS AZUR 藍師傅麵包改良劑（對粉比例為
　1%），避免麵團凍壞。

追加配合	
杏仁奶油醬	10g／個
杏仁片	適量
糖粉	適量

■ 杏仁奶油醬	
奶油	100g
糖粉	100g
杏仁粉	100g
全蛋	100g
麵粉	20g

※※ 麵粉：Chanteur（日東富士製粉）

這是款會將烤好的可頌補上杏仁奶油醬和糖漿，再次進爐烘烤的人氣發酵糕點。很早以前，據說這是為了讓久放一段時間的可頌重生，避免食物浪費的作法，但現在已經是辨識度相當高的發酵糕點，甚至有店家為了製作這道產品，刻意準備好可頌。原則上會是可頌搭配糖漿、杏仁奶油醬、糖粉的組合，但這裡少了浸糖漿的步驟，讓口感變得較為輕盈。

食譜、製作：高野幸一（法式糕點 Archaique）

可頌麵團

將雞蛋、牛奶、砂糖、鹽拌勻，少量逐次加入從冰箱冷藏取出且敲打過的奶油。

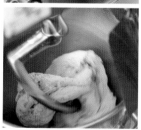

將步驟 **1** 的材料倒入攪拌盆，加入用水溶解的半乾酵母、粉類，以 1 速 4 分鐘、2 速 1 分鐘進行攪拌。

麵團攪拌好之後，分割成大塊，常溫靜置 30 分鐘。

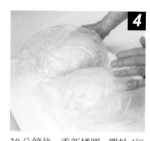

30 分鐘後，重新揉圓，置於 4℃ 冰箱冷藏一晚（約莫 15 小時）。

↓

放置過夜的麵團

將麵團 成菱形，但中間要保留一點高度。

包入敲打變平的奶油片。

用 麵棍按壓包好的麵團，讓麵團與奶油結合，將麵團 薄開來。

用塑膠袋包起避免乾掉，放入接近冷凍的低溫冷藏，靜置 30 分鐘。

從冷藏取出，折一次 4 折、一次 3 折，最後再折一次 2 折。

冰箱冷藏靜置約 30 分鐘。

完成可頌麵團

以上火 200℃、下火 170℃ 的烤箱烘烤 18 分鐘。

放涼後，再撒些糖粉。

看情況判斷是否需解凍，接著以 28℃、80% 的條件發酵 90 分鐘。

再擠上一些杏仁奶油醬，擺上杏仁片，撒點糖粉。

杏仁奶油醬

將麵團從冰箱冷藏取出，成 3mm 厚，切掉不整齊的邊角。接著切成底 10cm× 高 20cm 的三角形，在底邊中間處劃入切痕。每片麵團擠入約 10g 的杏仁奶油醬。

稍微拉長三角形的頂角，讓底邊的切痕分開，接著慢慢將麵團捲起。

捲起後，在上面擠點杏仁奶油醬，才能與原味可頌做區分。放入冷凍，注意別讓麵團乾掉。

看情況判斷是否需解凍，接著以 28℃、80% 的條件發酵 90 分鐘。

上面塗抹全蛋液，用剪刀剪出切口，以上火 200℃、下火 170℃ 的烤箱烘烤 18 分鐘。

共通（P87、89）

1～8
同 P87 可頌麵團步驟 1～8。

法式巧克力麵包

將麵團從冰箱冷藏取出，擀成 3mm 厚，切掉不整齊的邊角。接著切成 9×12cm 的長方形。每片麵團放 3 條巧克力。

捲起後，收口朝下。

放入冷凍，要用塑膠袋包起避免乾掉。

法式
巧克力麵包
Pain au Chocolat

　　本店會一次完成折疊作業，並採用整型冷凍法。可頌麵團的折疊數為 4×3×2。為了讓口感硬脆，避免太過蓬鬆，麵團質地必須稍微偏硬，所以必須讓溫度降至接近冷凍，這樣麵團靜置時才不會發酵。砂糖量偏多，為 12%，因此也使用了較多的酵母（麵包酵母）。

食譜、製作：高野幸一（法式糕點 Archaique）

配方

同 P86〈可頌麵團〉

追加配合
巧克力條	3條／個
塗抹用蛋液	適量

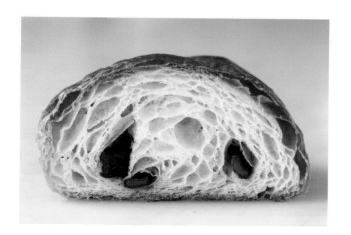

法國焦糖奶油酥
Kouign Amann

	（%）	（g）
配方		
麵粉※	100	1500
冷凍半乾酵母	1.2	18
鹽	2	30
精製白糖	10	150
奶油（無鹽）	10	150
全蛋	12	180
牛奶	38	570
水	6	90
〈折疊用奶油〉		
發酵奶油	27	400
奶油（有鹽）	27	400
〈奶油糖〉		
奶油（有鹽）：精製白糖以1:1比例混製而成		適量

※麵粉：ble du A（昭和產業）70%
　　　　+ Selvaggio Farina Forte 麵粉（日清製粉）30%

　這款法國西北邊布列塔尼地區的發酵糕點，據說是 1860 年左右由當地麵包職人想出的食譜。布列塔尼語的 Kouign 是指糕點，Amann 是指奶油，法國焦糖奶油酥特色在於奶油和砂糖的佔比非常高。表面烘烤後隨之焦化，可以感受到香氣和濃郁甜味。法國當地會使用有鹽奶油，但我自己換成了稍微降低鹹味的配方。

食譜、製作：高野幸一（法式糕點 Archaique）

以上火 190℃、下火 170℃ 的烤箱烘烤 35 分鐘。20 分鐘時，取出烤盤，把溢出烤模的麵團小心壓回模中，在上面鋪放烤盤，繼續烘烤。

烘烤完成。放涼不燙手後，就能脫模風乾。

放入冷凍，要用塑膠袋蓋起避免乾掉。

看情況判斷是否需解凍，接著以 28℃、80% 的條件發酵 60 分鐘。

將麵團從冰箱冷藏取出，成 2.5mm 厚，切掉不整齊的邊角。接著切成 12.5×12.5cm 的正方形（每片約 100g）。

在中間塗抹少量奶油糖。

將四個邊角往中間折起，交疊並用力壓緊。

平坦面（背面）也要塗抹 2～3mm 厚的奶油糖。

同 P87 可頌麵團。不過，法國焦糖奶油酥配方烤出來的成品較沒有分量，所以步驟 **2** 的攪拌設定是低速 5 分鐘、中速 2 分鐘，時間會比可頌麵團長一些。

↓

放置過夜的麵團

5～**6**

同可頌麵團。

重複 2 次麵團折四折、過製麵機的步驟（為了呈現出奶油的存在，刻意減少折疊數）。

冰箱冷藏靜置 30 分鐘。

法國焦糖奶油酥
Kouign Amann

配方

	（%）
麵粉※	100
冷凍半乾酵母（金裝）	1.6
Euromalt 麥芽精	0.3
鹽	2
精製白糖	12
奶油（無鹽）	5
牛奶	40
水	18

〈折疊用材料〉
ⓐ 奶油（有鹽）	35
ⓑ 奶油（有鹽）	40
⎿ 精製白糖	35

〈烤模用〉
奶油（有鹽）	12g/個
精製白糖	12g/個

將ⓐ的奶油整型成片狀。
混合ⓑ材料，做成2片奶油片。

※麵粉：Terroir pur 麵粉（日清製粉）

步驟

攪拌（螺旋攪拌機）
L3分 自我分解法
15分 L5分 H1分～
揉成溫度 ········· 22～23℃
發酵時間 ········· 90分（27℃ 75%）
發酵後，-5℃靜置一晚
折疊 ········· 奶油（有鹽）ⓐ加工成片狀後，夾入麵團，折3折一次、4折一次。於 -5℃～-10℃靜置1小時。再將麵團 平，夾入ⓑ，折3折後，再折3折。以相同條件靜置1.5小時。 成寬20～25cm，最終厚度為5mm，將麵團捲起。靜置30分
分割整型 ········· 每個80～85g 靜置冰箱冷凍一晚 奶油（有鹽）精製白糖
最後發酵 ········· 180～240分（27℃ 75%）
烘烤 ········· 上火180℃/下火190℃ 35～40分

1990年代，DONQ的技術顧問 Simon Pasquereau 根據文獻確定了食譜後，法國焦糖奶油酥就在日本掀起一番熱潮。後來，我在法國馥頌（Fauchon）吃到非常美味的焦糖奶油酥，對我帶來嶄新衝擊，也促使我開始多方嘗試。希望呈現出最外層爽口，卻又不像糖果，入口後化開的程度適中，讓人找不到形容詞的新口感。為了打造出這樣的感受，我除了很講究烤模鋪放的奶油和砂糖量，更結合來自法國的食譜，呈現出自己的獨創性。

食譜、製作：佐藤広樹（DONQ）

烤模 直徑 10.4cm 深 2cm

1 將粉類、砂糖、麥芽精、牛奶、水加入攪拌盆，以低速攪拌3分鐘。看不見粉末後，讓麵團自我分解15分鐘。

2 加入奶油、半乾酵母、鹽，繼續以低速攪拌5分鐘、高速1分鐘。出筋後即可完成麵團製作。

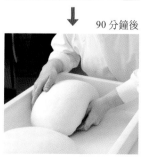

90分鐘後

3 將麵團放至工作台，分割成大塊，整成圓形，發酵90分鐘。

4 拍打排氣，施力按壓。蓋上塑膠袋，避免乾掉，平放在-5℃環境一晚，讓麵團更快速降溫。

5 開麵團，夾入ⓐ的奶油，折3折一次、4折一次。接著靜置於-5℃～-10℃1小時。

6 將麵團 成ⓑ的3倍長。折疊麵團的同時，夾入2片ⓑ。繼續折3折，靜置1.5小時。

7 成寬20～25cm，最終厚度為5mm（圖片是 成50cm後切半）。較靠近手邊的部分是麵團捲起時的收尾處，所以要先壓平。

8 將整塊麵團噴水，捲成條狀。要讓收口處漂亮密合。收口朝下，靜置冰箱冷凍（-5℃～-10℃）30分鐘。

9 切成單個80～85g的塊狀。切完後，可按上個步驟的條件繼續存放冰箱冷凍到隔天。

10 在耐熱樹脂烤模塗抹每穴12g有鹽奶油，接著撒上12g砂糖，擺上麵團塊。

11 最後發酵3～4小時，接著進爐烘烤。20～25分鐘時，取出烤盤，把溢出烤模的麵團壓回模中，避免變形。

12 烤完時，觀察烤色，確認可以後取出。蓋上烤盤，上下顛倒即可脫模取出。

將麵團放入每穴直徑 7cm 的烤模（附蓋），發酵 80 分鐘（可以先不用蓋上）。

進爐前，若發現布里歐麵包麵團溢出烤模，就要重新整型。

蓋上烤模蓋，以上火 200℃、下火 220℃的烤箱烘烤約 30 分鐘。

烘烤途中，要打開蓋子確認上下的烤色，視情況翻動，讓顏色均勻。

從攪拌盆取出布里歐麵包麵團（P78 步驟 4），發酵 1 小時。

分割成 25g 並揉圓。暫時放置冷藏，讓麵團降溫。

可頌麵團放置過夜後（參照 P51 步驟 4），包入折疊用奶油，折 3 折，進行三次。接著成 7mm 厚，再折 2 折。切掉邊緣，再切成每片 25g，切面呈垂直狀。

將步驟 6 冰鎮過的布里歐麵包麵團再次揉圓，用步驟 7 的可頌麵團整個捲繞包覆。

迪夢奇
Dimanche

這道食譜來自前員工長岩崇之先生，更是在製粉公司比賽中獲得亞軍的作品。

敝店有個規定，只要是獲勝的作品，一定會做成商品持續銷售一年。若銷量太差，賣一年就會結束銷售，但這款糕點已持續銷售至少 10 年。在一些活動中也非常受到歡迎。

食譜、製作：井上克哉（La tavola di Auvergne）

配　方
布里歐麵包麵團（參照P77）⋯⋯⋯⋯⋯⋯⋯⋯⋯⋯⋯⋯⋯25g／個
可頌麵團（參照P51）⋯⋯⋯⋯⋯⋯⋯⋯⋯⋯⋯⋯⋯⋯⋯⋯⋯25g／個

步　驟

〈製作麵團〉
布里歐麵包麵團 ⋯⋯⋯⋯P78步驟 1～ 4，接著延續本頁步驟 5
可頌麵團⋯⋯⋯⋯⋯⋯⋯⋯P51步驟 1～ 4，接著延續本頁步驟 7

分割⋯⋯⋯⋯⋯⋯⋯⋯⋯⋯布里歐麵包麵團25g→冰鎮
　　　　　　　　　　　可頌麵團25g
整型⋯⋯⋯⋯⋯⋯⋯⋯⋯⋯球形　用可頌麵團包裹　入模
最後發酵⋯⋯⋯⋯⋯⋯⋯⋯約80分（28℃ 80%）
烘烤⋯⋯⋯⋯⋯⋯⋯⋯⋯⋯200℃/220℃ 30分

球形烤模 直徑 7cm 附蓋

德國的
發酵糕點

Germany

充滿祈禱與喜悅的德國發酵糕點

德國南部貝希特斯加登（Berchtesgaden）的麵包店

［圖、文］ 德國飲食文化研究家　森本　智子

德國早自日耳曼民族時代起，就已經存在蜂蜜酒、啤酒、葡萄酒、麵包，所以發酵食品的歷史相當悠久，發酵糕點也從麵包範疇衍生出來，逐漸發展成形。由於使用的材料豐富、味道佳、容易整型，發酵糕點不僅可見於日常生活，在宗教相關或婚喪喜慶各種活動中也少不了身影。接下來為各位介紹幾樣較具代表性的糕點。

■ 聖誕季節的發酵糕點

基督教的兩大慶典分別是聖誕節和復活節。

史多倫（Stollen）是待降節與聖誕節期間不可或缺的糕點，在日本也逐漸成為聖誕節最常見的糕點。

另外，同樣會在聖誕節期間登場的不萊梅葡萄乾麵包（Bremer Klaben）是德國北部不萊梅（Bremen）的名產，1593年不萊梅市議會還曾為「Klaben葡萄乾麵包烘焙職

人」訂立相關規定，可見其歷史之悠久。

「Klaben葡萄乾麵包」由來眾說紛紜，有些地區是指「一整塊」的意思，可能是語源來源的Kloben一字則是指「大、內容豐富」，另一個語源選項Klove是指「裂縫」，再進一步延伸出的Klave則是指「圓木頭」，代表這款糕點的形狀。不萊梅葡萄乾麵包的材料基本上跟史多倫一樣，再加上都會在冬天登場，所以常被誤認是同類型的麵包。但其實不萊梅葡萄乾麵包除了切片直接品嚐，還會塗抹奶油、撒鹽、擺上德國生肉香腸（Mettwurst，低溫煙燻製成），也可能是擺上黑麵包片一起品嚐。

2009年，不萊梅葡萄乾麵包被列入歐盟的地理標示保護項目中，從2010年起，不萊梅和周邊地區所製作的不萊梅葡萄乾麵包開始能以獨創、原創之名對外宣傳。

順帶一提，復活節其實也看得見不萊梅葡萄乾麵包，但名稱會是Bremer Osterklaben。

製作史多倫的模樣　　　　　攝於紐倫堡銷售糕點木製模型的雜貨店

與復活節有淵源的發酵糕點

接著要來說說復活節，復活節最重要的含義，就是慶祝救世主耶穌基督復活。除了象徵復活的雞蛋，還會以因為繁殖力強讓人聯想到新生命的兔子、經常被作為祭品的羊為造型，製作許多發酵糕點。人們會將這些食物統稱為 Osterbrot（復活節麵包）。這類麵包多半會添加葡萄乾、柳橙皮、杏仁等材料，烤成圓形。會做成圓形，據說是與象徵世界光芒的耶穌基督有淵源，意指太陽之力。麵包表面會劃十字切痕，當然也是代表著基督的十字架。

Aachener Poschweck 的 Poschweck 可以拆成 Posch 和 Week。Posch 源自意指復活節的希臘拉丁語 Poscha，Week 在德國西部萊茵蘭地區（Rheinland）則是指小麥麵包，由此便可得知 Aachener Poschweck 也是復活節會吃的麵包。此名稱最早在 1547 年登場，出現在當地城鎮亞琛（Aachen）的麵包職人條例中。

這款麵包的特徵，在於除了會使用與其他酵母麵包相同的材料外，更會加入冰糖或糖塊，再進爐烘烤。出爐後砂糖融化，非常美味。

不過，在復活節到來前的 40 天（目前會包含期間的週日，總計 46 天）必須禁食（大齋期）。禁食期間不能吃肉類、乳製品和各種高檔食材，要等到復活節才能品嚐這些高熱量食物。這也是為什麼復活節的麵包或糕點會使用奶油、雞蛋和砂糖的緣故，這段期間雞所生的蛋也會存放至復活節，累積數量豐富，所以復活節才會看見那麼多彩蛋。

另外，在開始為期 40 天的禁食前，當地民眾也會刻意吃大齋期不能吃的食物。一般稱之為「謝肉祭」（carnival），這段期間會出現特別用油製作的油炸糕點。以德國來說，最具代表性的油炸糕點當然就是德式甜甜圈（Krapfen）了。有些會用萊茵蘭地區的泡芙麵團製作，有些則會將德國東部薩克森地區（Sachsen）的奶渣（tvorog 一種新鮮乳酪）混入麵團製成，揉成網球大小的圓形後，下鍋油炸，接著灌入果醬。每個地區主要會使用的果醬類型不盡相同，店家也會絞盡腦汁，搭配香草、巧克力、堅果醬（nougat cream），甚至是酒漬食材等多種內餡。從近幾年的謝肉祭更可發現出現了許多使用期間限定內餡、或是相當講究外表裝飾的德式甜甜圈，而且有每年增加的趨勢。

97

另外，每個地區對德式甜甜圈的名稱都不同，像是Berliner Pfannkuchen（柏林式鬆餅），也會簡稱為Berliner或Pfannkuchen、Kreppel等，非常多樣。

■深植人們日常生活的發酵糕點

「Zopf」一般是指女性的編織長髮。做成類似形狀烘烤而成的麵包雖然也名叫Zopf，但為了更強調麵包的意思，多半會特別稱作〈Hefezopf：意指用發酵麵團〈Hefeteig〉做成的辮子狀麵包，稱作酵母辮子麵包〉。從基督教的角度來看，三條編織又代表三位一體，帶有神與人緊密交流的意涵。所以，復活節會吃Osterzopf，當地人會將編好的麵團兩端相連，做成皇冠形狀，也就是象徵太陽的復活節花環麵包（Osterkranz）。一般都會以至少3條的麵團編織，有些甚至會多達12條。

另外，這款麵包也會出現在葬禮後的餐會，甚至作為新年贈禮。

就平常生活來說，德國居民會在週日當早餐吃。

還有一種辮子麵包是會將麵團劃開，塗抹榛果或罌粟籽內餡，接著在麵團兩端劃入切痕，以左右相互交織的方式做出編織模樣，並將內餡包覆起來，名叫夾餡酵母辮子麵包

（Gefüllter Hefezopf。Gefüllter：包入內餡的Hefezopf），變化非常多樣。

雖然，其他還有很多加了榛果或黑罌粟籽內餡的發酵糕點，但奧地利和德國南部有種形狀特異，名叫Beugel或Beugerl的糕點（德式貝果）。名稱源自意指扣具、手鐲的古字Baug。當地人會將填入內餡的細長麵團兩端抓成尖尖的造型，凹折後進爐烘烤。1403年的文獻資料就有出現這個字，可見其歷史非常悠久。在過去，據說無內餡麵團製成的德式貝果會出現在斷食期間或結婚典禮上。

其他雖然還有很多基督教相關的慶祝儀式，但在一些不是以基督教為主體的慶典或活動中，同樣可見發酵糕點的蹤影。除了結婚典禮、生產、洗禮、生日、喪禮等人生重大節日外，收成季等鄉村城鎮慶典、同業工會舉辦的慶典等，人們在一整年當中的各種聚會都少不了發酵糕點的存在。而平板蛋糕（Blechkuchen：意指用烤盤〈Blech〉烘烤的蛋糕）是即便到了今日仍相當常見，非常具代表性的糕點。製作時，會將麵團鋪滿整個烤盤，擺上當季水果等材料，接著進爐烘烤，烤過後還會抹

德國常見的麵包店

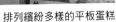

排列繽紛多樣的平板蛋糕

上奶油醬，變化其實非常豐富。其中，作法最單純的是德式奶油蛋糕（Butterkuchen），上面撒入杏仁片後，有些地區則會再加點肉桂糖或小豆蔻。奶油蛋糕是德國北部週日下午咖啡時間一定會出現的糕點，在下薩克森（Neddersassen）、西法倫邦（Westfalen）等地，奶油蛋糕也經常出現在洗禮儀式、堅振聖事、結婚典禮、喪禮等家族、親屬聚會後的餐會中。

另外，還有一種糕體質地跟奶油蛋糕很像，但會將蛋糕上下切開，中間夾入奶油的糕點，名叫蜂螫蛋糕（Bienenstich）這種蛋糕雖然1900年初期就已存在，但要等到冷藏技

攝於咖啡店。
使用折疊麵團製成的起司袋子麵包及咖啡

術問世後，夾入奶油的類型才開始普及，在這之前應該是沒有夾入奶油的蜂螫蛋糕。

德國有很多麵包店，一大清早就有人買來當早餐，更有人會當場配咖啡吃掉，還有人是來買輕食或點心用的甜麵包，非常熱鬧。小尺寸的發酵糕點、甜麵包不只是孩子的點心，大人也經常作為輕食或留在咖啡時間享用，存在意義重大。最簡單的類型是將發酵麵團揉圓，烘烤後就算是製作完成，但加了葡萄乾、醋栗或是巧克力豆的類型也都很常見。

接著來看看一款比較特別的發酵糕點，是發祥自波希米亞的果醬麵包（Buchteln）。烤模中放入數個揉圓麵團貼緊排列，烘烤出爐後，再撕開品嚐。有些地方還會填入水果、果醬、罌粟籽或奶油乳酪等各種不同餡料。

另外，也有使用了折疊麵團的發酵糕點。德國北部漢堡的名產法蘭西小麵包（Franzbrötchen）也被認為是一種肉桂捲，最大特色在於兩邊會先做出漩渦形狀，接著將麵團壓平，再進爐烘烤。

當然，也有在折疊麵團或發酵麵團中填入或擺放材料，再進爐烘烤的麵包。使用

奶渣內餡的起司袋子麵包（Kasetasche）的Käse是起司，tasche是指袋子）雖然最常見，其他還是有添加水果的類型。

以橫跨德國、奧地利、捷克、波蘭的中歐地區來說，有種蠻特別的糕點，會將發酵麵團汆燙或蒸過，有時會稱為奶香饅頭（Hefekloß）。原文的意思是指發酵麵團丸子，外觀看起來就像是肉包。當地人會將其放入加了鹽了熱水汆燙或是蒸過，除了能佐上糖煮蘋果或藍莓，當成甜點品嚐外，也能跟肉類料理一起享用。實際觀察後發現，從德國南部到東南部區域可見各種吃法，或許是因為作法簡單，才會讓大家對於奶香饅頭也能輕鬆料理，就算沒有烤箱的接受度那麼高。

使用簡單的食材，不講求標新立異，無論男女老幼，德國的發酵糕點已經是日常生活中的一部分，被人們享受品嚐。

聖誕史多倫
Christstollen

在史多倫（Stollen）的種類中，會特別把出現在聖誕節期間的史多倫稱為「Christstollen」。對日本人來說，使用大量奶油（與粉類的比例至少 30%*）和砂糖，同時添加了非常多果乾的聖誕史多倫其實一點也不陌生。史多倫特有的香料氣味，麵團不斷揉製，裡頭包覆的生杏仁膏（raw marzipan）充滿存在感，還有最後的形狀，當中都夾雜著人們對德國傳統和聖誕節的情感。使用大量奶油和外表撒上砂糖雖然能拉長保存期間，但也不能太有自信呦。

※ 出自德國「史多倫」規範指引

食譜、製作：近藤敦志（辻調理師專門學校）

配方 （g）4 條分

	（%）	（g）
〈起種〉		
麵粉※	20	200
麵包酵母（生）	6	60
牛奶	20	200
〈主麵團〉		
麵粉※	80	800
ⓐ 鹽	1.2	12
精製白糖	12	120
奶油	40	400
生杏仁膏	16	160
加糖蛋黃（加糖20%）	6	60
史多倫辛香料	0.8	8
香草精	0.4	4
杏仁（整顆 已熟）	12	120
糖漬綜合果乾	40	400
（柳橙皮、檸檬皮、酸櫻桃、南瓜、香櫞皮）		
蘭姆酒漬蘇丹娜葡萄乾	70	700
澄清奶油		適量
香草糖		適量
（香草莢磨碎後，與砂糖混合）		
糖粉		適量

※ 麵粉：法國粉（鳥越製粉）

步驟

〈起種〉
攪拌 …………… 手揉
揉成溫度 …………… 28℃
發酵時間 …………… 30～40分（28℃）

〈主麵團〉
攪拌 …………… L3分 ML3分↓水果類 ML3分
一次發酵 …………… 10～20分（室溫）
分割 …………… 等分（約800g×4）
整型 …………… 史多倫的形狀
最後發酵 …………… 60～90分（28℃）
烘烤 …………… 190℃ /190℃ 50分

史多倫烤模 長 23cm 寬 10cm 高 7.5cm

發酵 60～90 分鐘。

蓋上烤模蓋，以上火 190℃、下火 190℃ 的烤箱烘烤 50 分鐘。

趁熱將整塊史多倫塗抹澄清奶油。

裹上香草糖。

完全放涼後，撒上糖粉。

分成 4 等分，或分割成 800g，立刻進行整型。

將麵團　成正方形，分別從較遠側和手邊朝中間捲起。捲好後，將　麵棍壓入兩條麵團中間，壓出間隔。接著將較遠側的條狀麵團朝手邊靠攏重疊。

上下顛倒，放入烤模中。

乳化完成。

將粉類、步驟 1 的起種麵團、步驟 2 乳化的ⓐ加入攪拌盆，啟動攪拌。

以低速攪拌 3 分鐘，接著中低速繼續攪拌 3 分鐘，麵團成型後，暫時停止攪拌。

加入堅果、水果類，繼續以中低速揉製 3 分鐘。將麵團放上工作台，進行 10～20 分鐘的一次發酵。

起種

用回溫至人體肌膚溫度的牛奶溶解麵包酵母，接著倒入粉類，充分拌勻。發酵 30～40 分鐘。

主麵團

將ⓐ攪拌至乳化。取跟生杏仁膏等量的奶油（要稍微回溫放軟），一起拌勻。

拌勻後，加入剩下的奶油。

加入砂糖，拌入空氣，讓麵團變得蓬鬆。接著加入蛋黃、鹽、辛香料、香草精，充分拌勻。

榛果史多倫
Nussstollen

發展出罌粟籽史多倫的同時，其實還有另一款大量使用了對德國人而言，非常熟悉的 Nuss（堅果的意思，在德國多半是指榛果）製成的史多倫。內餡則是使用了榛果粉與能夠保留口感的榛果細顆粒，藉此強調存在感。用量基本上也必須是粉類佔比的 20% 以上。形狀與大小沒有制式規定，有時還蠻常以杏仁（=Mandel）代替榛果，會稱為「Mandelstollen」。

食譜、製作：左右皆為
近藤敦志（辻調理師專門學校）

罌粟籽史多倫
Mohnstollen

這是使用了日常生活中常見的罌粟籽※（Mohn），非常德式風味的一款史多倫。在德國，若要稱作罌粟籽史多倫必須符合相關規範指引，所謂「罌粟籽史多倫」，罌粟籽必須佔粉類比例至少 20%。若要名為史多倫，奶油佔比更是必須高於 30%。搭配黑白雙色調的話，史多倫的切面也會變得很有趣呢。

※ 罌粟籽使用須遵各國規範，目前在台灣為管制品。

半圓烤模 長 25cm 寬 10cm 高 10cm

史多倫烤模 長 23cm 寬 10cm 高 7.5cm

3

將粉類、步驟**1**的起種麵團、步驟**2**乳化的ⓐ加入攪拌盆，啟動攪拌。

4

以低速3分鐘、中低速2分鐘、中速1分鐘攪拌製作。不需要太過出筋。

5

分割麵團（罌粟籽350g、榛果700g）揉圓，發酵30～40分鐘。

↓

30分鐘後

起種

1

用溫熱的牛奶溶解麵包酵母，加入粉類，攪拌均勻。無需攪拌到麵團成型。發酵30～40分鐘。

主麵團

2

把ⓐ拌至乳化。
取跟生杏仁膏等量的奶油（要稍微回溫放軟），一起拌勻。
拌勻後，加入剩下的奶油。
加入砂糖，拌入空氣，讓麵團變得蓬鬆。
接著加入蛋黃、鹽、辛香料，充分拌勻。

配 方 （g）為各2條，總計4條分

〈起種〉	（%）	（g）
麵粉※	50	500
麵包酵母（生）	6	60
牛奶	35	350

〈主麵團〉	（%）	（g）
麵粉※	50	500
⎰ 鹽	1	10
精製白糖	11	110
奶油	40	400
ⓐ 生杏仁膏	12	120
加糖蛋黃（加糖20%）	5	50
⎱ 史多倫辛香料	0.8	8

澄清奶油 ……………………………………… 適量
香草糖 ………………………………………… 適量
（香草莢磨碎後，與砂糖混合）
糖粉 …………………………………………… 適量

※麵粉：法國粉（鳥越製粉）

追加配方

● 罌粟籽史多倫　每條（麵團350g）使用量
罌粟籽※內餡（參照P104）……………………250g
蘇丹娜葡萄乾（過熱水）………………………40g
※罌粟籽使用須遵各國規範。

追加配方

● 榛果史多倫　每條（麵團700g）使用量
榛果內餡（參照P105）…………………………500g

步 驟

〈起種〉
攪拌 ………………… L3分 ML2分 M1分
揉成溫度 …………… 28℃
發酵時間 …………… 30～40分（28℃）

〈主麵團〉
攪拌 ………………… L3分 ML2分 M3分
分割 ………………… 罌粟籽350g×2　榛果700g×2
發酵時間 …………… 30～40分（28℃）
整型 ………………… 罌粟籽 20×50cm　捲起
　　　　　　　　　　 榛果 20×60cm　捲起
最後發酵 …………… 50～60分（28℃）
烘烤 ………………… 190℃/190℃ 50分

追加配方

■ 罌粟籽※內餡（2條分）

牛奶 150g
精製白糖 80g
藍罌粟籽（磨碎） 150g
奶酥碎塊（Crumb Cake） 60g
肉桂粉 3g
奶油 30g
全蛋 50g

① 將牛奶、精製白糖、藍罌
粟籽放入鍋中，稍微煮沸。
② 關火，加入奶酥碎塊、肉桂
粉，接著拌入奶油。放涼。
③ 降至50℃以下後，再混入
全蛋。

※ 冷藏保存，使用時要回溫。
※ 罌粟籽使用須遵各國規範。

將 350g 的發酵麵團 成
20×50cm，整片均勻塗抹罌粟
籽內餡。

撒上蘇丹娜葡萄乾。

從邊緣小心捲起。

↓ 60分鐘後

收口朝上放入烤模，發酵50～
60分鐘。

烤模蓋上蓋子，放入上火190℃
、下火190℃的烤箱烘烤50分
鐘。

趁熱整個均勻塗抹澄清奶油。

裹上香草糖。

完全放涼後，撒上糖粉。

德國發酵糕點的分類與特徵

①何時放入油脂　②成品特徵　③本書的製作範例

● 輕發酵麵團（油脂含量為粉類10～15%）

　①麵團有彈性時。
　②質地蓬鬆，孔洞較大，分量十足。
　　維持新鮮狀態的時間較短，因此消費期限短。
　③辮子麵包、德式甜甜圈、夾餡酵母辮子麵包、奶
　　油杏仁結麵包等。

● 中發酵麵團（油脂含量為粉類15～25%）

　①粉類大致拌勻時。
　②分量適中，會比輕發酵麵團的成品更軟、更脆弱。
　③德式奶油蛋糕、蜂蜜蛋糕、起司袋子麵包、果醬
　　麵包等。

● 重發酵麵團（油脂含量為粉類25～50%）

　①開始攪拌時。
　②質地柔軟、脆弱、輕盈。與中發酵麵團的成品相
　　比，分量較沒那麼足夠，但因為使用大量油脂，不
　　僅能長時間保存，香氣表現也很棒。
　③史多倫、不萊梅葡萄乾麵包、亞琛復活節麵包、
　　德式貝果等。

資料來源:Das Bäckerbuch: Grund- und Fachstufe in Lernfeldern

追加配方

■ 堅果內餡（2條分）

牛奶	160g
精製白糖	200g
榛果粉	180g
奶酥碎塊（Crumb Cake）	200g
肉桂粉	4g
香草精	2g
全蛋	200g
榛果（已熟、切碎）	180g

①將牛奶、精製白糖、榛果粉放入鍋中，稍微煮沸。

②關火，加入奶酥碎塊、肉桂粉拌勻。放涼。

③降至50℃以下後，再加入香草精、全蛋混勻。

④混入烘烤過的榛果。

※冷藏保存，使用時要回溫。

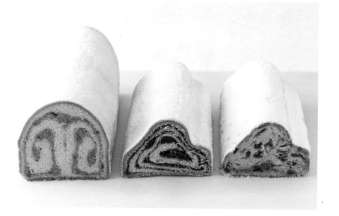

榛果史多倫

烤模蓋上蓋子，放入上火190℃、下火190℃的烤箱，烘烤50分鐘。

將700g的發酵麵團 成20×60cm，整片均勻塗抹堅果內餡。

趁熱整個均勻塗抹澄清奶油。

從兩邊朝中間小心捲起。

裹上香草糖。

直接放入烤模，發酵50～60分鐘。

完全放涼後，撒上糖粉。

不萊梅葡萄乾麵包
Bremer Klaben

配 方		
〈起種〉	（%）	（g）
麵粉※	30	300
速發乾酵母	1.2	12
精製白糖	5	50
牛奶	25	250
〈主麵團〉		
ⓐ 麵粉	70	700
鹽	0.5	5
精製白糖	5	50
無鹽奶油	50	500
檸檬皮	0.6	6
小豆蔻	0.2	2
ⓑ 蘇丹娜葡萄乾（水洗過）	50	500
醋栗（水洗過）	25	250
檸檬皮	12	120
杏仁粉	12	120

※麵粉：Merveille（NIPPN）

步 驟	
〈起種〉	
攪拌	L3分～
揉成溫度	25～26℃
發酵時間	30分（27℃ 75%）
〈主麵團〉	
攪拌	L5分 M2分～
	↓水果、杏仁L2分～
揉成溫度	25～26℃
發酵時間	30分（27℃ 75%）
分割	730g×2
醒麵	10分
整型	長方形
最後發酵	15分～（室溫）
烘烤	200℃ 15分→170℃ 30分

　　這是德國北部不萊梅（Bremen）的傳統聖誕發酵糕點。因為最後沒有裹上奶油和砂糖，模樣看起來不太起眼，但裡頭大手筆加入了幾乎與粉類等量的果乾，出爐後樸素的長條形模樣有著無法具體說出的引人之處。成品雖然感覺沒什麼分量，但因為裡頭加了大量奶油，質地較不會那麼扎實，感覺還有點脆。

　　這裡雖然採行起種發酵，但也可以最初就把包含油脂的所有材料放入製作。

食譜、製作：根岸靖乃（Ｎドイツ菓子屋さん）

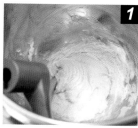

用溫熱的牛奶溶解麵包酵母，倒進攪拌盆。加入粉類、砂糖，以低速攪拌 3 分鐘。

揉成溫度為 25 ～ 26℃。接著以 27℃、75% 的條件發酵 30 分鐘。

主麵團

將步驟 **2** 的起種麵團、ⓐ的材料全加入攪拌盆，低速攪拌 5 分鐘，接著中速攪拌 2 分鐘。由於水分用量少、油脂含量高，因此較難形成滑順的麵團。

麵團攪拌完成後，加入ⓑ的水果。攪拌設定為低速 2 分鐘、中速 1 分鐘。

取至工作台，推滾揉圓，以 27℃、75% 的條件發酵 30 分鐘。

分割麵團，推滾揉圓後蓋起來，避免乾掉。再繼續醒麵 10 分鐘。

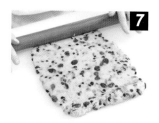

將麵團　成厚度均一的長方形，對折。另也可以放入專用的長條烤模，蓋上蓋子的方式來整型。

直接放置室溫 15 分鐘。

放入 200℃的烤箱，烘烤 15 分鐘後，降溫至 170℃，繼續烘烤 30 分鐘。

烘烤完成。

亞琛復活節麵包
Aachener Poschweck

這款是源自德國西部城鎮亞琛（Aachen）的復活節麵包。特徵在於融解的砂糖塊，想盡量讓糖塊完整保存下來的話，整型麵團時就不能切開表面，而是必須讓麵團慢慢鬆弛，進而包覆起糖塊，因此作業上較費工。

這裡雖然採行起種發酵，但也可以最初就把包含油脂的所有材料放入製作。

食譜、製作：根岸靖乃（N ドイツ菓子屋さん）

配　方

〈起種〉	(%)	(g)
麵粉※	50	500
速發乾酵母	1.25	12.5
精製白糖	2	20
牛奶	40	400

〈主麵團〉	(%)	(g)
⎡ 麵粉	50	500
｜ 鹽	1	10
ⓐ 精製白糖	8	80
｜ 無鹽奶油	30	300
｜ 蛋黃	6	60
⎣ 牛奶	10	100

	(%)	(g)
蘇丹娜葡萄乾（水洗過）	25	250
榛果（已熟 剁碎）	20	200
方糖	25	250
塗抹用蛋液（蛋黃）		適量

※ 麵粉：Merveille（NIPPN）

步　驟

〈起種〉
攪拌	L3分～
揉成溫度	25～26℃
發酵時間	30分（27℃ 75%）

〈主麵團〉
攪拌	L4分 M4分～
	↓葡萄乾、榛果 L2分～
	↓方糖（手拌）
揉成溫度	25～26℃
發酵時間	30分（27℃ 75%）
分割	270g×4
醒麵	10分～
整型	圓形
最後發酵	40分（32℃ 80%）～ 發酵後，塗抹蛋液、劃刀痕，進爐烘烤
烘烤	180℃ 25分～

用溫熱的牛奶溶解麵包酵母，倒進攪拌盆。加入粉類、砂糖，以低速攪拌 3 分鐘。

揉成溫度為 25 ～ 26℃。接著以 27℃、75% 的條件發酵 30 分鐘。

主麵團

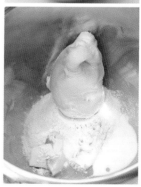

將步驟 2 的起種麵團、ⓐ的材料全加入攪拌盆，低速攪拌 4 分鐘，接著中速攪拌 4 分鐘，攪拌至麵團成型。

麵團攪拌完成後，加入水果與堅果。攪拌設定為低速 2 分鐘、中速 1 分鐘。

將麵團取至工作台，混入方糖。可先將方糖切成較大的塊狀。以 27℃、75% 的條件發酵 30 分鐘。

麵團鬆弛後，分割成 270g，稍微醒個麵。方糖很容易使麵團裂開，所以包入方糖時動作要小心。

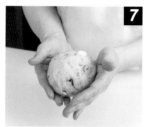

麵團再稍微鬆弛一些後，用輕輕包住方糖和水果的方式，將麵團整成圓形。放入 32℃的發酵箱 40 分鐘。

塗抹蛋黃液，放置室溫，變乾後，在上面畫入十字刀痕。

疊兩塊烤盤，放上麵團，以 180℃的烤箱烘烤 25 分鐘。因為麵團含大量糖分，若要長時間烘烤的話，需注意底部是否會烤焦。

烘烤完成。

復活節麵包
Osterbrot

這款麵包如同其名，就是復活節（Oster）會烤的麵包。有時也會稱作 Osterfladen。裡頭放入大量水果和堅果後，會揉成圓形，還會劃入十字切痕，所以是宗教色彩相當濃厚的麵包。出爐後會飄出甜美香氣。

食譜、製作：山本　毅（ドイツパンのお店 アムフルス）

配 方		
〈起種〉	（%）	（g）
麵粉※	33	330
麵包酵母（生）	8	80
水	20	200
〈主麵團〉		
麵粉※	67	670
鹽	1.5	15
脫脂奶粉	13	130
精製白糖	4	40
奶油	30	300
蛋黃	5	50
全蛋	10	100
水	10	100
ⓐ 葡萄乾	43	430
檸檬皮	7.5	75
柳橙皮	7.5	75
杏仁（去皮 縱切）	7.5	75
蘭姆酒	5	50
水	5	50

前一天就把ⓐ先浸泡在蘭姆酒和水裡

融化奶油 ················ 適量

※麵粉：帆船（YACHT、品牌：NIPPN）

步 驟	

〈起種〉
攪拌（螺旋攪拌機）
················ L3分 M3分
發酵時間 ················ 30分（室溫）

〈主麵團〉
攪拌（螺旋攪拌機）
················ L3分 M5分↓L2～3分
揉成溫度 ················ 26℃
發酵時間 ················ 20分
分割揉圓 ················ 545g 圓形
最後發酵 ················ 50分（31℃ 82%）
烘烤 ················ 劃十字切痕 200℃/200℃
　　　　　　　　　 入烤箱後，170℃/170℃
　　　　　　　　　 30～35分 打開爐門
最後加工 ················ 融化奶油

放入上火 200℃、下火 200℃ 的烤箱後，將上下火溫度降至 170℃，烘烤 30 ～ 35 分鐘。麵團糖分含量較高容易烤焦，烘烤時要打開爐門。中心溫度達 92℃時即可出爐。

出爐後，立刻塗上融化奶油。

以 31℃、82% 的條件發酵 50 分鐘。

從發酵箱取出，在上面劃入十字切痕。不只是復活節麵包本身需要劃十字，此步驟也能讓麵包更容易烤熟。

麵團完成後，加入水果，再以低速攪拌 2 ～ 3 分鐘。取出麵團。

靜置 20 分鐘後，分割成 545g，並壓搓揉圓。

起種

將起種的材料放入攪拌盆，低速攪拌 3 分鐘，接著高速攪拌 3 分鐘。放置室溫發酵 30 分鐘。

主麵團

將步驟 1 的起種麵團、水果除外的主麵團材料全部放入攪拌盆，設定低速 3 分鐘、高速 5 分鐘進行攪拌。

德式甜甜圈／油炸麵包圈
Krapfen /Ausgezogene

<table>
<tr><th colspan="3">配 方</th></tr>
</table>

〈共通麵團〉 (%) (g)
麵粉※ ‧‧‧‧‧‧‧‧‧‧‧‧‧‧‧‧‧‧‧‧‧‧‧‧‧‧‧‧‧‧‧‧‧‧‧‧‧‧ 100 1000
麵包酵母（生）‧‧‧‧‧‧‧‧‧‧‧‧‧‧‧‧‧‧‧‧‧‧‧‧‧‧ 7 70
鹽 ‧‧ 0.8 8
精製白糖 ‧‧‧‧‧‧‧‧‧‧‧‧‧‧‧‧‧‧‧‧‧‧‧‧‧‧‧‧‧‧‧‧ 16 160
奶油 ‧‧‧‧‧‧‧‧‧‧‧‧‧‧‧‧‧‧‧‧‧‧‧‧‧‧‧‧‧‧‧‧‧‧‧‧‧‧ 12 120
蛋黃 ‧‧‧‧‧‧‧‧‧‧‧‧‧‧‧‧‧‧‧‧‧‧‧‧‧‧‧‧‧‧‧‧‧‧‧‧‧‧ 6 60
全蛋 ‧‧‧‧‧‧‧‧‧‧‧‧‧‧‧‧‧‧‧‧‧‧‧‧‧‧‧‧‧‧‧‧‧‧‧‧‧‧ 12 120
牛奶 ‧‧‧‧‧‧‧‧‧‧‧‧‧‧‧‧‧‧‧‧‧‧‧‧‧‧‧‧‧‧ 44.5 445
炸油 ‧‧ 適量

追加配方
● 德式甜甜圈
藍莓果醬：覆盆子果醬（＝1:1）‧‧‧‧‧‧‧‧‧‧‧‧ 15g/個
糖粉 ‧‧ 適量

追加配方
● 油炸麵包圈
肉桂糖（肉桂：精製白糖＝1:100）‧‧‧‧‧‧‧‧‧‧‧‧ 適量

※麵粉：帆船（YACHT、品牌：NIPPN）

<table>
<tr><th>步 驟</th></tr>
</table>

〈共通麵團〉
攪拌（螺旋攪拌機）‧‧‧‧‧‧‧‧‧‧‧‧‧‧‧‧‧‧‧L2分 M5分
揉成溫度 ‧‧‧‧‧‧‧‧‧‧‧‧‧‧‧‧‧‧‧‧‧‧‧‧‧‧‧24℃
醒麵 ‧‧‧‧‧‧‧‧‧‧‧‧‧‧‧‧‧‧‧‧‧‧‧‧‧‧‧‧‧‧‧‧‧15分
分割揉圓 ‧‧‧‧‧‧‧‧‧‧‧‧‧‧‧‧‧‧‧‧‧‧‧‧‧‧‧50g

【德式甜甜圈】
最後發酵 ‧‧‧‧‧‧‧‧‧‧‧‧‧‧‧‧‧‧‧‧50分（31℃ 82%）
調理 ‧‧‧‧‧‧‧‧‧‧‧‧‧‧‧‧‧‧‧‧‧‧油炸180℃ 1～2分
最後加工 ‧‧‧‧‧‧‧‧‧‧‧‧‧‧‧‧‧‧‧‧果醬、糖粉

【油炸麵包圈】
最後發酵 ‧‧‧‧‧‧‧‧‧‧‧‧‧‧‧‧‧‧‧‧60分（31℃ 82%）
‧‧‧‧‧‧‧‧‧‧‧‧‧‧‧‧‧‧‧‧（40分的時候壓成扁圓形，做初步
整型）
整型 ‧‧‧‧‧‧‧‧‧‧‧‧‧‧‧‧‧‧‧‧‧‧‧‧‧‧‧‧參照P113
調理 ‧‧‧‧‧‧‧‧‧‧‧‧‧‧‧‧‧‧‧‧‧‧油炸180℃ 1～2分
最後加工 ‧‧‧‧‧‧‧‧‧‧‧‧‧‧‧‧‧‧‧‧‧‧‧‧‧肉桂糖

這是謝肉祭期間最常見的油炸糕點。口感蓬鬆軟嫩，圓形造型基本上可見於德國各地。但不同地區的內餡也會有差異，種類相當多樣。書中的話，製作者是使用在地產水果製成的果醬。然而，也有些麵團配方跟 Krapfen 相同，但形狀、名稱不同的油炸糕點，像是德國南部巴伐利亞州（Bayern）相當受歡迎的油炸麵包圈（Ausgezogen）。這款麵包中間較薄，口感較為酥脆。

食譜、製作：山本　毅（ドイツパンのお店 アムフルス）

油炸麵包圈

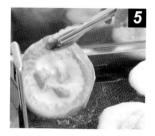

以 180℃的熱油炸 1 ～ 2 分鐘。

瀝掉油分，兩面都裹上肉桂糖。

將麵團排列於托盤，放入發酵箱。發酵 40 分鐘後壓成扁圓形，做初步整型，再繼續發酵 20 分鐘。

整型時，邊握住麵團邊緣並繞圈，讓中間的麵團逐漸展延變薄。讓麵團靠自己的重量展延開來，無需刻意拉扯。將原本直徑 11cm 的麵團變成 15cm 左右。

德式甜甜圈

排列在烤網上，放入發酵箱 50 分鐘。

發酵膨脹後，以 180℃油炸 1 ～ 2 分鐘。正反兩面都炸過後，再次翻到背面確認顏色，讓兩面炸色一致。

瀝掉油分，放涼不燙手後，從側邊擠入果醬。

撒上糖粉。

共通

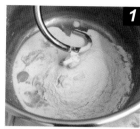

將所有材料放入攪拌盆，以低速 2 分鐘、高速 5 分鐘攪拌麵團，能拉出圖中的薄膜時即可停止。室溫靜置 15 分鐘。

15 分鐘後，分割成 50g 並揉圓。

辮子麵包
Zopf

★麵團配方同 P114～117 為止的內容。

這是德語圈隨處可見，相當普遍的一款麵包。辮子麵包也會被當成早餐，所以每天的餐桌上絕對少不了它。辮子麵包使用的砂糖和油脂分量雖然不像其他發酵糕點那麼多，但因為是使用跟甜麵包一樣配方的麵團，因此放入書中介紹。

較常見的形狀是先將麵團編成辮子，接著繞圓做出花圈造型。這裡雖然只用簡單編織搭配豆漿增加亮澤，最後再撒點杏仁片。但各位也可加上糖塊、雙目糖，甚至是果乾等材料，讓成品看起來更繽紛。

食譜、製作：山本 毅（ドイツパンのお店 アムフルス）

配 方

〈共通麵團〉	（%）	（g）
麵粉※	100	1000
麵包酵母（生）	3	30
Euromalt麥芽精	0.05	0.5
鹽	1.8	18
精製白糖	12	120
脫脂奶粉	2	20
奶油	7.5	75
酥油（有機）	7.5	75
全蛋	12	120
牛奶	20	200
水	35	350

豆漿、杏仁片	隨意

※麵粉：帆船（YACHT、品牌：NIPPN）

步 驟

攪拌（螺旋攪拌機）	
	L2.5分 M3.5分↓油脂 L2.5分 M3分
揉成溫度	26℃
發酵時間	60分（室溫）
分割揉圓	100g
醒麵	10～15分（室溫）
整型	40cm條狀 以4條進行編織
最後發酵	40分（31℃ 82%）
烘烤	200℃/200℃ → 入烤箱後 以190℃/190℃ 烤19～20分

辮子麵包　共通（P115、117）

1 將油脂除外的所有材料放入攪拌盆，以低速攪拌 2.5 分鐘、接著高速攪拌 3.5 分鐘。麵團成型後，加入油脂，繼續低速攪拌 2.5 分鐘、高速攪拌 3 分鐘。當麵團可以像圖片一樣拉成薄膜狀，即可取出。

2 放置室溫 60 分鐘，要避免麵團乾掉。

3 將麵團分割成 100g。重新揉圓，靜置室溫 10 ～ 15 分鐘。

4 稍微拍打，整成圓形。接著先拉成長 20cm 的條狀。再稍微靜置一下，繼續滾成 40cm 的長條。

5 從中間開始編織，勿將麵團拉得太緊，拉到盡頭時，讓麵團轉向 180°。繼續往反向編織，並在交叉的盡頭處停止，這樣整體形狀才會漂亮。

將 4 條麵團縱向排列。由左到右編列 1、2、3、4 號，用左手拿起 3 號，右手拿起 1 號，讓 1 號跨過 2 號，接著拉到 3 號底下，跨過 4 號後就可放下。擺放時要與其他麵團平行。

同樣地，再次將麵團左到右編列 1、2、3、4 號，拿起 3 號，再讓 1 號往右移動。

重複此動作數次，最後將末端捏在一起。

6 編織時要確認整體協調性，讓中間稍微高一些，放上烤盤，進發酵箱 40 分鐘。

7 烘烤前，塗上能增加亮澤的材料，擺上裝飾（這裡是塗抹豆漿，擺上杏仁片。蛋液、糖塊、雙目糖也是很常見的材料）

8 烤箱預熱上火 200℃、下火 200℃，放入烤箱後立刻將至 190℃/190℃，烘烤 19 ～ 20 分鐘。過程中要觀察烤色，轉動烤盤方向。

德式奶油蛋糕
Butterkuchen

將麵團直接鋪在烤盤，烤成長方形後再分切成小塊的「平板蛋糕」（Blechkuchen）中，德式奶油蛋糕最具代表性。「Am Fluss」（アムフルス）每年都會用辮子麵包的麵團，在週年紀念日烤很多片作為限定商品販售，相當受到歡迎。平常實在太忙，沒時間做德式奶油蛋糕，但一年一次的感謝祭會大量供應，是很有人氣的品項呢。

食譜、製作：山本　毅（ドイツパンのお店 アムフルス）

配方

★ 麵團配方同 P114～117 為止的內容。

〈共通麵團〉	（%）	（g）
麵粉※	100	1000
麵包酵母（生）	3	30
Euromalt 麥芽精	0.05	0.5
鹽	1.8	18
精製白糖	12	120
脫脂奶粉	2	20
奶油	7.5	75
酥油（有機）	7.5	75
全蛋	12	120
牛奶	20	200
水	35	350

追加配合

● 德式奶油蛋糕　每1kg麵團的分量

奶油（無鹽）	200g
鹽	少許
杏仁片	80g
肉桂糖（肉桂：精製白糖=1:100）	60g

※麵粉：帆船（YACHT、品牌：NIPPN）

步驟

攪拌（螺旋攪拌機）
　　　　　　　　　　　L2.5分 M3.5分↓油脂 L2.5分
　　　　　　　　　　　M3分

揉成溫度	26℃
發酵時間	60分（室溫）
分割	1kg（配合烤模尺寸）
醒麵	90～120分（冷凍）
整型	入模（34×49×4.5cm烤盤）
最後發酵	40分（31℃ 82%）
烘烤	200℃ /200℃ →入烤箱後 以190℃ /190℃　烤16～18分

10

烤箱預熱上火 200℃、下火 200℃，放入烤箱後立刻將至 190℃/190℃，烘烤 16～18 分鐘。

11

放到不燙手後，蓋上烘焙紙，將蛋糕上下翻面脫模。再次翻回，切掉邊緣後，再切成適當大小。

7

拿出發酵箱後，用手指下戳到底，做出凹洞。這樣才能讓奶油充分滲入麵團裡。

8

將裝飾用的奶油和鹽預拌好，擠入麵團凹洞。（也可以把奶油塊均勻撒在麵團上。）

9

在麵團撒上預拌好的杏仁片和肉桂糖。

德式奶油蛋糕

3

分割成 1kg。

4

接下來必須　開，所以先放冷凍冰鎮 90～120 分鐘。

5

取出麵團，用　麵棍　成烤盤大小。

6

讓麵團完全貼合烤盤四個邊角，接著放入發酵箱 40 分鐘。

共通（P115、117）

1

將油脂除外的所有材料放入攪拌盆，以低速攪拌 2.5 分鐘、接著高速攪拌 3.5 分鐘。麵團成型後，加入油脂，繼續低速攪拌 2.5 分鐘、高速攪拌 3 分鐘。當麵團可以像圖片一樣拉成薄膜狀，即可取出。

2

放置室溫 60 分鐘，要避免麵團乾掉。

夾餡酵母辮子麵包
Gefüllter Hefezopf

這是用油脂含量較低的輕麵團做出編織造型，再進爐烘烤而成的發酵糕點。裡頭則是包了生杏仁膏和堅果製成的內餡，所以口感既扎實又濃郁。

食譜、製作：近藤敦志（辻調理師專門學校）

配方（g）為 10cm×35cm 約 4 條分

★麵團配方同 P118 ～ 121 為止的內容。

〈起種〉	（%）	（g）
麵粉※	55	550
麵包酵母（生）	3.5	35
牛奶	55	550

〈主麵團〉		
麵粉※	45	450
鹽	1.5	15
精製白糖	10	100
奶油	10	100
加糖蛋黃（加糖20%）	10	100
檸檬表皮	0.5	5

※麵粉：法國粉（鳥越製粉）

追加配方

■ 內餡（製品1條分）

生杏仁膏	180g
奶油	54g
精製白糖	45g
雞蛋	90g
榛果粉	90g

①將生杏仁膏和奶油拌勻。
②充分拌勻後，加入砂糖，再次拌勻。
③雞蛋打散後，分3次拌入。
④最後再加入榛果粉拌勻。

塗抹用蛋液	適量
杏桃果醬	適量
翻糖	適量

★用水與砂糖1:1製成的糖漿來調整翻糖硬度。

發酵 50～60 分鐘。

塗抹蛋液，放入上火 200℃、下火 190℃的烤箱烘烤 20 分鐘。

在杏桃果醬加入 20% 比例的水，稍微加熱收汁，煮到用刮刀撈起果醬時，果醬會呈三角形滴落。抹在放涼的麵包上（會比較像是擺上果醬的感覺）。

將翻糖加熱至跟人體肌膚差不多的溫度，變成滑順液態時，就能用毛刷塗在步驟 9 的麵包上。

夾餡酵母辮子麵包

60 分鐘後

從攪拌盆取出，4 等分後，發酵 60 分鐘（圖片為 1 個分）。

麵團　成 28×36cm 片狀。放至 -20℃冷凍 30 分，讓麵團緊實。
將冰過的緊實麵團長邊縱向擺放，中間 8cm 寬的範圍擠入 1 條分的內餡量。

在麵團左右兩側劃入間隔 2 cm 寬的斜切痕。

將切開的麵團左右交叉蓋住內餡，做出編織造型。

〈起種〉
攪拌 …………………………手揉
揉成溫度 ……………………26℃
發酵時間 ……………………40～60分（28℃）

〈主麵團〉
攪拌 …………………………L3分↓奶油 ML5分
揉成溫度 ……………………26～28℃
分割 …………………………4等分（475g）
發酵時間 ……………………60分（28～30℃）
整型 …………………………成 28×36cm，放至 -20℃冷凍 30 分，讓麵團緊實。擠入內餡，劃切麵團，編織出造型
最後發酵 ……………………50～60分（30～32℃）
烘烤 …………………………塗抹蛋液 200℃/190℃ 20分
最後加工 ……………………杏仁果醬　翻糖

共通（P119、121）

主麵團

將步驟 1 的起種麵團、主麵團的材料（奶油除外）全放入攪拌盆，低速攪拌 3 分鐘。放入奶油，換成中低速揉製 5 分鐘。麵團可以像圖片一樣拉成薄膜狀，即可停止攪拌。

起種

用回溫至人體肌膚溫度的牛奶溶解麵包酵母，接著倒入粉類，攪拌至滑順狀。發酵 40～60 分鐘。

配 方		(g) 為32個分

★麵團配方同 P118 ～ 121 為止的內容。

〈起種〉	（％）	（g）
麵粉※	55	550
麵包酵母（生）	3.5	35
牛奶	55	550
〈主麵團〉		
麵粉※	45	450
鹽	1.5	15
精製白糖	10	100
奶油	10	100
加糖蛋黃（加糖20%）	10	100
檸檬表皮	0.5	5

追加配方

■ 奶油杏仁結麵包（32個分）

生杏仁膏	150g
奶油	150g
精製白糖	135g
麵粉	45g
杏仁精	1.5g

①將生杏仁膏和奶油拌勻。
②充分拌勻後，加入砂糖，再次拌勻。
③加入麵粉和杏仁精，混合均勻。

塗抹用蛋液	適量
糖塊	適量
杏仁（去皮 縱切）	適量

※麵粉：法國粉（鳥越製粉）

奶油杏仁結麵包

Butter Mandelknoten

　將油脂含量較低的輕麵團揉成條狀，打結做成可愛造型。內餡和裝飾材料都包含了杏仁，為成品帶來亮點，是款早餐常出現的發酵糕點。

食譜、製作：近藤敦志（辻調理師專門學校）

將麵團繞圈打結，再把繞出的那端與另一端壓在一起。

麵團壓合的部分朝下，排列於烤盤。發酵 50 ～ 60 分鐘。

塗抹蛋液，在每個麵團中間擠入 15g 的餡料。接著擺上杏仁和糖塊，以上火 210℃、下火 190℃的烤箱烘烤 15 分鐘。

奶油杏仁結麵包

↓ 60 分鐘後

從攪拌盆取出，發酵 60 分鐘。

分割成 60g，醒麵 15 分鐘。

將麵團搓成條狀後，再稍作靜置。等麵團再次鬆弛後，繼續揉成 20cm 的條狀。

步　驟

〈起種〉

攪拌	手揉
揉成溫度	26℃
發酵時間	40～60分（28℃）

〈主麵團〉

攪拌	L3分↓奶油ML5分
揉成溫度	26～28℃
發酵時間	60分（28～30℃）
分割	60g
醒麵	15分（28～30℃）
整型	成條狀後打結
最後發酵	50～60分（30～32℃）
烘烤	塗抹蛋液　內餡　杏仁　糖塊 210℃/190℃ 15分

共通（P119、121）

主麵團

將步驟 1 的起種麵團、主麵團的材料（奶油除外）全放入攪拌盆，低速攪拌 3 分鐘。放入奶油，換成中低速揉製 5 分鐘。麵團可以像圖片一樣拉成薄膜狀，即可停止攪拌。

起種

用回溫至人體肌膚溫度的牛奶溶解麵包酵母，接著倒入粉類，攪拌至滑順狀。發酵 40 ～ 60 分鐘。

蜂螫蛋糕
Bienenstich

為什麼會取作意指「被蜜蜂扎到」這麼有趣的名稱眾說紛紜，其實這道糕點的作法跟蜜蜂並沒什麼直接相關，一般都會擺上杏仁片再進爐烘烤，但我這次刻意仿照蜂窩的模樣，用杏仁角做了濃稠液（Masse）鋪在上面。

食譜、製作：近藤敦志（辻調理師專門學校）

配方

★麵團配方同 P122～127 為止的內容。

	（%）	（g）
麵粉※	100	1000
麵包酵母（生）	4	40
鹽	1.5	15
精製白糖	12	120
奶油	20	200
加糖蛋黃（加糖20%）	10	100
牛奶	54	540
檸檬表皮	0.5	5

※麵粉：法國粉（鳥越製粉）

追加配方

● 蜂螫蛋糕
30×40cm 烤模（麵團800g）使用量
■ 杏仁角濃稠液（1塊分）450g

奶油	100g
精製白糖	80g
香草糖	20g
蜂蜜	50g
鮮奶油	50g
杏仁角	150g
肉桂粉	適量

①將杏仁角除外的所有材料放入鍋中加熱融化。
②持續攪拌，以較大的火煮到沸騰。
③最後的30秒～1分鐘轉小火煮收汁。

④拿離開火源，加
　入杏仁，整體拌
　匀，移到料理盤
　等平坦容器。
⑤拿離開火源，加
　入杏仁，整體拌
　匀，移到料理盤
　等平坦容器。

以上火190℃、下火180℃的烤箱烘烤25～30分鐘。

★過程中要用刀刺破麵團膨起的部分讓空氣排出。

出爐後，放涼，切成上下兩片。

整個塗抹奶油霜。

將上面那層蛋糕先切成最後的大小，再擺回步驟**10**的蛋糕上。疊好後再切一次。

蜂螫蛋糕

將麵團分割成800g，發酵60分鐘。 **4**

成30×40cm，放入烤模。 **5**

在麵團均勻塗上杏仁角濃稠液。 **6**

發酵50～60分鐘。 **7**

追加配方

■ 奶油霜（1塊分）550g

加糖蛋黃（加糖20%）	10g
精製白糖	65g
香草糖	65g
卡士達粉	18g
牛奶	180g
奶油	250g

①將牛奶、香草糖倒入鍋中加熱。
②砂糖加入蛋黃拌勻，再加入卡士達粉攪拌。
③將1倒入2，將材料拌勻化開。
④倒回鍋子，煮到變成乳霜狀後，移到料理盤等平坦容器。
⑤將4放涼至常溫，與回溫軟掉的奶油混合。

步驟

攪拌	L2分↓奶油ML5分M3分
揉成溫度	26～28℃
分割	800g
發酵時間	60分（28～30℃）
醒麵	無
整型	入模
最後發酵	50～60分（30～32℃）
烘烤	190℃/180℃ 25～30分

共通（P123、125～127）

將奶油以外的所有材料加入攪拌盆，低速攪拌2分鐘。 **1**

看不見粉末時，加入放軟的奶油，再以中低速5分鐘、中速3分鐘的條件攪拌。 **2**

能拉出薄膜的話，即可結束攪拌。 **3**

起司袋子麵包
Käsetasche

德文的 Kase 是起司，tasche 是指袋子。這款麵包如同其名，是在發酵麵團包入用起司製成的餡料和水果，再進爐烘烤製成。在德國蠻常用折疊麵團做成起司袋子麵包。

食譜、製作：近藤敦志（辻調理師專門學校）

配方

★ 麵團配方同 P122 ～ 127 為止的內容。

	（%）	（g）
麵粉※	100	1000
麵包酵母（生）	4	40
鹽	1.5	15
精製白糖	12	120
奶油	20	200
加糖蛋黃（加糖20%）	10	100
牛奶	54	540
檸檬表皮	0.5	5

※麵粉：法國粉（鳥越製粉）

追加配方

● **起司袋子麵包** 9×9cm大、0.5cm厚（麵團50g）使用量
奶渣醬（參照下述）	20g
蘭姆酒漬葡萄乾	4～5粒

■ **奶渣醬**（容易製作的分量）
牛奶	200g
全蛋	50g
精製白糖	40g
卡士達粉	20g
奶油	20g
白乳酪（Fromage blanc；取代奶渣）	200g
檸檬表皮	1/4顆分

①牛奶倒入鍋中加熱。
②砂糖加入蛋黃拌勻，再加入卡士達粉攪拌。
③將①倒入②，將材料拌勻化開。
④倒回鍋子，煮到變成乳霜狀後，移到料理盤等平坦容器，再用保鮮膜貼合蓋住表面，放涼。
⑤④放涼至常溫後，與白乳酪、檸檬表皮混合。

步驟

攪拌	L2分 ↓奶油 ML5分 M3分
揉成溫度	26～28℃
分割	500g
發酵時間	60分（28～30℃）
醒麵	無
整型	參照P125
最後發酵	50～60分（30～32℃）
烘烤	210℃/190℃ 15～18分

將奶油以外的所有材料加入攪拌盆，低速攪拌2分鐘。

看不見粉末時，加入放軟的奶油，再以中低速5分鐘、中速3分鐘的條件攪拌。

能拉出薄膜的話，即可結束攪拌。

起司袋子麵包

將麵團分割成500g，發酵60分鐘。

成30×30cm後，放入冷藏靜置片刻。

將麵團切成9×9cm，每片相當50g。剩下的麵團重新揉過整平，再用模型壓取（最後會放在上面）。

分別擠入20g奶渣醬。

再擺入葡萄乾，分別將對角拉至中間蓋起。

塗抹蛋液，再擺上壓模麵團，再次塗抹蛋液。

發酵50～60分鐘。

以上火210℃、下火190℃烘烤15分鐘。

步 驟

攪拌	L2分 ↓奶油ML5分 M3分
揉成溫度	26～28℃
分割	900g
發酵時間	60分（28～30℃）
醒麵	無
整型	入模
最後發酵	50～60分（30～32℃）
烘烤	210℃/180℃ 20～25分

5

成 30×40cm，放入烤模。

6

發酵 50 ～ 60 分鐘。

7

用手指下戳到底，做出凹洞。
這樣麵團膨脹程度才會一致，
奶油也能均勻分布。

8

在麵團均勻撒上奶油塊，再整
個撒入砂糖，接著放上杏仁
片。

9

以上火 210℃、下火 180℃ 烘
烤 20 ～ 25 分鐘。

共通（P123、125～127）

1

將奶油以外的所有材料加入攪
拌盆，低速攪拌 2 分鐘。

2

看不見粉末時，加入放軟的奶
油，再以中低速 5 分鐘、中速
3 分鐘的條件攪拌。

3

能拉出薄膜的話，即可結束攪
拌。

德式奶油蛋糕

4

將麵團分割成 900g，發
酵 60 分鐘。

德式奶油蛋糕
Butterkuchen

在大片麵團簡單地擺上奶油、砂糖，再加上杏仁片做
裝飾。製作時的重點在於麵團要用手指搓出深洞，這樣
才能讓奶油充分滲入麵團裡。

食譜、製作：近藤敦志（辻調理師專門學校）

配 方

★ 麵團配方同 P122 ～ 127 為止的內容。

	（%）	（g）
麵粉※	100	1000
麵包酵母（生）	4	40
鹽	1.5	15
精製白糖	12	120
奶油	20	200
加糖蛋黃（加糖20%）	10	100
牛奶	54	540
檸檬表皮	0.5	5

※ 麵粉：法國粉（鳥越製粉）

追加配方

● 30×40cm（麵團900g）使用量
奶油	150g
精製白糖	100g
杏仁片	150g

步 驟	
攪拌	L2分↓奶油ML5分 M3分
揉成溫度	26～28℃
分割	300g
發酵時間	60分（28～30℃）
醒麵	無
整型	圓形
最後發酵	50～60分（30～32℃）
烘烤	200℃/180℃ 20～25分

6

將麵團切成 6×6cm（20 片）。

7

將對角抓起，包住內餡。

8

麵團收口朝下，放入內壁塗抹了奶油的環狀模。發酵 50～60 分鐘。

9

塗抹蛋液，以上火 200℃、下火 180℃的烤箱烘烤 20～25 分鐘。

共通（P123、125～127）

1

將奶油以外的所有材料加入攪拌盆，低速攪拌 2 分鐘。

2

看不見粉末時，加入放軟的奶油，再以中低速 5 分鐘、中速 3 分鐘的條件攪拌。

3

能拉出薄膜的話，即可結束攪拌。

果醬麵包

將麵團分割成 300g，發酵 60 分鐘。 **4**

成 24×30cm 後，放入冷藏靜置片刻。 **5**

果醬麵包
Buchteln

麵團裡加入餡料的話，變化性會更加豐富，也會讓人有品嚐「手撕麵包」的樂趣。除了圓形，也可以用烤模做成方形或其他形狀呦。

食譜、製作：近藤敦志（辻調理師專門學校）

配 方

★麵團配方同 P122～127 為止的內容。

	（%）	（g）
麵粉※	100	1000
麵包酵母（生）	4	40
鹽	1.5	15
精製白糖	12	120
奶油	20	200
加糖蛋黃（加糖20%）	10	100
牛奶	54	540
檸檬表皮	0.5	5

※麵粉：法國粉（鳥越製粉）

追加配方

● 直徑18cm環狀模（麵團250g）使用量
罌粟籽※內餡（參照P129德式貝果） ……300g
※ 罌粟籽使用須遵各國規範。

德式貝果
Beugel

Mohnbeugel   *Nussbeugel*

油脂含量較高的麵團雖然膨脹程度不大,但還是可以呈現出帶有空氣,如軟餅乾般的質地。對此,必須在攪拌步驟的一剛開始就加入油脂,避免麵團過度成型。在歐洲其實非常難得看見這種「包覆」式的整型法,推測應該是受到東方文化的影響。德式貝果的特色在於會做成「く」字形,表面還看得出蛋液乾掉的模樣。

食譜、製作:近藤敦志(辻調理師專門學校)

配 方	(g)為54個分	
	(%)	(g)
麵粉※	100	1000
麵包酵母(生)	4	40
鹽	1.2	12
精製白糖	12	120
奶油	40	400
加糖蛋黃(加糖20%)	8	80
牛奶	25	250
檸檬表皮	0.5	5
香草精	0.2	2
塗抹用蛋液		適量

※麵粉:法國粉(鳥越製粉)

步 驟	
攪拌	手揉(或是L2分 ML2分 M1分)
揉成溫度	25
發酵時間	30～40分(室溫)
分割	35g
醒麵	5～10分
整型	成圓形、包餡
	彎折 塗抹蛋液
最後發酵	30～40分(室溫)
烘烤	200℃/180℃ 15分

1

用回溫至人體肌膚溫度的牛奶溶解麵包酵母，接著加入蛋黃、香草精等液體，攪拌均勻。

2

將粉類、鹽、砂糖、檸檬表皮放入料理盆，加入步驟**1**的液體。

3

再加入奶油，揉製均勻。揉到麵團帶有光澤。

★這款麵包不用像餅乾一樣膨脹起來，所以無需揉出薄膜。

4

於室溫發酵 30 ～ 40 分鐘。

5

分割成 35g。揉圓，醒麵 5 ～ 10 分鐘。

6

做成兩種造型來區分內餡種類。都將麵團　成直徑 15cm 的圓形，中間擠入餡料，捲成條狀。其中一種就是單純地彎成「く」字形（書中是罌粟籽※內餡的德式貝果）。

※罌粟籽的使用須遵守各國規範，目前在台灣為管制品。

7

表面塗抹蛋液，放置室溫發酵 30 ～ 40 分鐘。

8

以上火 200℃、下火 180℃烘烤 15 分鐘。

6´

包了另一款內餡的麵團捲成條狀後，用手指從中間下壓，做出明顯凹痕，接著將麵團對折（書中是榛果內餡的德式貝果）。

追加配方

■ 罌粟籽※內餡（餡料35g 麵團35g）27個分

牛奶	360g	肉桂粉 ⋯⋯⋯ 3g
精製白糖	125g	檸檬表皮 ⋯⋯⋯ 5g
藍罌粟籽（磨碎）		生杏仁膏 ⋯⋯⋯ 160g
	225g	蛋白 ⋯⋯⋯ 36g
澄粉	45g	

①將牛奶、精製白糖、藍罌粟籽放入鍋中稍微煮滾。
②放涼不燙手後，加入澄粉，再次加熱。
③加入肉桂粉、檸檬表皮拌了勻。
④混入生杏仁膏，再與蛋白拌勻。

■ 榛果內餡（餡料35g 麵團35g）27個分

牛奶	145g	檸檬表皮（粉末）⋯ 3g
精製白糖	135g	香草精 ⋯⋯⋯ 2g
榛果粉		生杏仁膏 ⋯⋯⋯ 200g
	400g	蛋白 ⋯⋯⋯ 45g
肉桂粉	3g	蘭姆酒 ⋯⋯⋯ 36g

①將牛奶、精製白糖、榛果粉放入鍋中煮滾。
②加入肉桂粉、檸檬表皮、香草精拌勻。
③混入生杏仁膏，再與蛋白、蘭姆酒拌勻。

法蘭西小麵包
Franzbrötchen

配 方		

（g）為 32 個分
圖中的分量僅 1/2

	（%）	（g）
麵粉※	100	1000
麵包酵母（生）	4	40
鹽	2	20
精製白糖	14	140
奶油	14	140
牛奶	56	560
檸檬表皮	0.2	2
折疊用奶油	50	500

肉桂糖
　精製白糖 200
　肉桂粉 10
糖漿（砂糖、水以1:1比例煮到融化，放涼後使用）
 適量

※麵粉：法國粉（鳥越製粉）

這是款在德國北部漢堡非常受歡迎，使用折疊麵團製成的發酵糕點。將肉桂糖捲起後，麵團左右兩端會做成可愛的漩渦造型，出爐後再抹上糖漿讓成品變得濕潤也是法蘭西小麵包的特色。漢堡當地能看見許多嚴重變形到會讓人懷疑「是不是做失敗了？」的法蘭西小麵包，這裡則是會跟各位介紹如何抓對時間調整形狀。

食譜、製作：近藤敦志（辻調理師專門學校）

步 驟	

攪拌	L2分 ML5分
揉成溫度	24℃
發酵時間	40～60分（室溫）
分割	2等分（約950g） 15～18小時（2℃）
折疊	奶油大小 16×22cm 麵團7mm厚→包入奶油→ 5mm厚→折4折→靜置 （冷凍30分）→5mm厚→折3折→ 靜置（冷凍30分）
開	40×60cm（3mm厚）→ 靜置（冷凍10分）
整型	噴水　肉桂糖 捲起→靜置（冷藏20分）→切塊
最後發酵	60～90分（28℃）
烘烤	220℃/190℃ 20分 （烘烤10分後再次整型） 出爐、糖漿

13

麵團上下翻面折起，擺放在烤盤。

14

發酵 60 ～ 90 分鐘。

15

讓上火 220℃、下火 190℃ 的烤箱產生蒸氣，放入麵團後，也要立刻做出蒸氣。大約會烘烤 20 分鐘，但最初烘烤 10 分鐘後要先拿出稍作整型。
★如果有看見快朝左右拓開來的麵團，可以加以整型，最後形狀才會漂亮。

16

出爐後，趁熱塗抹糖漿，讓成品變得濕潤有光澤。

8

均勻撒上肉桂糖，但靠近手邊的 2cm 寬要留白。

9

從另一側開始朝自己捲起麵團，捲完後用力壓緊。

10

放入 2℃ 冷藏靜置 15 ～ 20 分鐘。

11

切掉兩端，將麵團均勻切成 16 塊。

12

收口朝上，用偏細的棒子或鏟子握柄朝中間用力按壓。

4

發酵後，分割成 950g 並揉圓，蓋上塑膠袋避免乾掉。接著放入 2℃ 冷藏放置 15 ～ 18 小時。

5

用　麵棍敲打折疊用奶油，敲成 16×22cm。邊轉動冷藏過的麵團，邊用壓麵機壓成 7mm 厚。包入奶油，繼續壓成 5mm 厚，接著折 4 折。靜置冷凍 30 分鐘。再次壓成 5mm 厚，接著折 3 折，再靜置冷凍 30 分鐘。

6

將麵團　成 40×60cm 的長方形（3mm 厚）。靜置冷凍 10 分鐘。

7

將整塊麵團噴水。

1

用牛奶溶解麵包酵母。

2

將剩餘的所有材料放入攪拌盆，啟動攪拌，並分次加入 1 。以低速 2 分鐘、中低速 5 分鐘進行揉製。拉開麵團，稍微出筋的話即可停止攪拌。
★厚薄不均也沒關係。

3

↓ 1小時後

室溫發酵40～60分鐘。

奶香饅頭
Hefekloß

配方		圖中的分量僅 1/5
	（%）	（g）
麵粉※	100	1000
速發乾酵母	1.6	16
鹽	0.5	5
精製白糖	16	160
無鹽奶油	16	160
全蛋	16	160
牛奶	48	480

※ 麵粉：Merveille（NIPPN）

步驟	
攪拌	L2分 M4分～
揉成溫度	25～26℃
發酵時間	30分（30℃ 80%）
分割整型	50～60g、圓形
最後發酵	30分～（30℃ 80%）
蒸烤	放入蒸籠蒸熟
	中火約10分，關火後，繼續悶5分

將麵粉製作的發酵麵團以「蒸」、「烤」「汆燙」等方式隨心所欲地加熱。奶香饅頭會搭配其他食材一起品嚐，所以感覺比較像是「料理」、「甜點」的一部分，算是常在家自己製作，比較不會從外面買回的發酵糕點。書中則是搭配櫻桃醬及香草醬做成甜點。

食譜、製作：根岸靖乃（N ドイツ菓子屋さん）

在德國也經常擺上罌粟籽※一起品嚐。這裡是使用藍罌粟籽。

※ 罌粟籽使用須遵各國規範。

■ 香草醬
（容易製作的分量）
牛奶 ·················· 100g
香草莢 ············· 1/3支
精製白糖 ············ 20g
蛋黃 ·················· 40g

①牛奶倒入鍋中，用刀子
劃開香草莢，取出香草
籽，連同香草莢一起入
鍋，稍微煮滾。
②將預先拌勻的精製白糖
和蛋黃加入①。
③隔水加熱，用打蛋器不
斷攪拌，煮到醬汁濃稠到
攪拌時能看見鍋底。
④用濾網過濾。接著將容
器浸冰水冷卻。

■ 櫻桃醬（容易製作的分量） ※圖片為2倍量
酸櫻桃（糖漬）·············· 100g
玉米粉 ························· 2.5g
櫻桃糖漿 ······················ 40g
精製白糖 ······················· 12g
肉桂 ···························· 少許

①將玉米粉、精製白糖放
入鍋中混合後，再逐量加
入櫻桃糖漿。
②開火加熱。
③邊加熱，邊用打蛋器攪
拌至濃稠狀。
④加入酸櫻桃、肉桂拌勻。

酸櫻桃：
帶有酸味的加工用櫻桃

放在烘焙紙上，蓋布巾，再以
30℃、80%的條件發酵。

放入熱水煮滾的蒸籠，蓋緊鍋
蓋，中火蒸10分鐘。關火後繼
續悶5分鐘再取出。

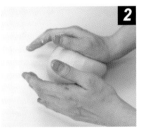

用溫熱的牛奶溶解速發乾酵
母，連同所有材料放入攪拌
盆。以低速2分鐘、中速4分
鐘的條件攪拌。麵團的質地會
很鬆弛。

取至工作台。裹上手粉，揉成
一塊。蓋上布巾（或保鮮膜），
以30℃、80%的條件發酵30
分鐘。

發酵後，分割成50～60g，稍
微滾圓。

※ 稱謂省略（未依序）

安倍　竜三

Boulangerie parigot
（ブーランジュリー・パリゴ）
【地址】大阪府大阪市天王寺区上本町
9 丁目 3-4
【電話】06-6774-5087
https://parigot.net/

井上　克哉

Boulangerie Auvergne
（ブーランジュリー・オーヴェルニュ）
【地址】東京都葛飾区立石 6 丁目 5-7
【電話】03-3691-5102

La tavola di Auvergne
（ラ・タヴォラ ディ・オーヴェルニュ）
【地址】東京都葛飾区細田 5 丁目 9-15
【電話】03-6657-8688
http://auvergne.jp/

佐藤　広樹

助手
高田　加奈子

DONQ（株式会社ドンク）東京本部
【地址】東京都千代田区鍛冶町 1 丁目
9-16
【電話】03-5577-5180
https://donq.co.jp/

高野　幸一

法式糕點 Archaique
（フランス菓子　アルカイク）
【地址】埼玉県川口市戸塚 4 丁目 7-1
【電話】048-298-6727

野澤　圭吾

GTALIA
（PIZZERIA GTALIA DA FILIPPO）
【店鋪地址】東京都練馬石神井町 2 丁
目 13-5
【電話】03-5923-9783
https://filippo.jp/

大村　田

WANDERLUST（ヴァンダラスト）
【地址】群馬県太田市西本町 5-30
【電話】0276-22-2200
https://wdlst1976.com/

圖、文協作

■ 長本 和子
經營「マンマのイタリア食堂」，日義協會常務理事。在劇團青年座從事女演員工作後，前往義大利留學，學習語言及料理。1997年開始參與為職人開設的在地料理研修，培育許多料理人及侍酒師，向世界各地宣傳義大利飲食文化。
https://www.nagamotokazuko.com/

■ 松浦 恵理子
1985年開始旅居法國，並投稿法國麵包產業專業新聞「パンニュース」，另也參與甜點、葡萄酒、法國傳統食品之採訪。

■ 森本 智子
工作內容與德國食品、飲食文化相關，也負責翻譯口譯。著有《ドイツパン大全》、《ドイツ菓子図鑑》，共譯《ビア マーグスービールに魅せられた修道士》
聯絡方式：morimoto@elfen.jp

■ 池田 愛美
旅居義大利佛羅倫斯。2020年與另外兩名夥伴成立「パネットーネ ソサエティ」，在日本積極協助製作聖誕水果麵包的職人，也會舉辦講座、試吃大會，希望藉此提高各界對聖誕水果麵包的關注度，隨時招募會員中。
https://panettonesociety.org/

近藤 敦志

辻調理師專門學校
【地址】大阪市阿倍野区松崎町 3-16-11
【電話】06-6629-0206
https://www.tsuji.ac.jp/

島田 徹

Patissier Shima
（有限会社 パティシエ・シマ）
【地址】東京都千代田区麹町 3 丁目 12-4 麹町 KY ビル 1F
【電話】03-3239-1031

L'Atelier de Shima
（ラトリエ・ド・シマ）
【地址】東京都千代田区麹町 3 丁目 12-3 トウガビル 1F
【電話】03-3239-1530
https://www.patissiershima.co.jp/

山本 毅

ドイツパンのお店 アムフルス
【地址】埼玉県南埼玉郡宮代町川端 3-7-6
【電話】0480-44-9362
https://amfluss.qwc.jp/

根岸 靖乃

N ドイツ菓子屋さん
【網路商城】
https://n-konditorei.com/

TITLE

烘焙職人的發酵麵包糕點聖經

STAFF

出版	瑞昇文化事業股份有限公司
編著	職人的發酵菓子編輯委員會
譯者	蔡婷朱
創辦人 / 董事長	駱東墻
CEO / 行銷	陳冠偉
總編輯	郭湘齡
文字編輯	張聿雯　徐承義
美術編輯	謝彥如
校對編輯	于忠勤
國際版權	駱念德　張聿雯
排版	沈蔚庭
製版	明宏彩色照相製版有限公司
印刷	桂林彩色印刷股份有限公司
法律顧問	立勤國際法律事務所　黃沛聲律師
戶名	瑞昇文化事業股份有限公司
劃撥帳號	19598343
地址	新北市中和區景平路464巷2弄1-4號
電話	(02)2945-3191
傳真	(02)2945-3190
網址	www.rising-books.com.tw
Mail	deepblue@rising-books.com.tw
初版日期	2024年1月
定價	550元